레일리가 들려주는 빛의 물리 이야기

레일리가 들려주는 빛의 물리 이야기

초 판 1쇄 발행일 | 2005년 6월 30일
개정판 1쇄 발행일 | 2010년 9월 1일
개정판 15쇄 발행일 | 2021년 5월 31일

지은이 | 정완상
펴낸이 | 정은영
펴낸곳 | (주)자음과모음

출판등록 | 2001년 11월 28일 제2001-000259호
주 소 | 04047 서울시 마포구 양화로6길 49
전 화 | 편집부 (02)324-2347, 경영지원부 (02)325-6047
팩 스 | 편집부 (02)324-2348, 경영지원부 (02)2648-1311
e-mail | jamoteen@jamobook.com

ISBN 978-89-544-2028-0 (44400)

레일리가 들려주는

빛의 물리 이야기

| 정완상 지음 |

(주)자음과모음

레일리를 꿈꾸는 청소년을 위한 '빛의 물리' 이야기

빛은 지구상의 생명체가 살아가는 데 있어서 꼭 필요합니다. 이 책은 빛이 가지고 있는 많은 성질들에 대해 빛 물리의 전문가인 레일리의 강의로 이루어집니다. 레일리는 빛의 성질을 이용하여 하늘이 파랗게 보이는 원리를 밝힌 물리학자이죠. 이 책은 빛이 가지고 있는 재미있는 성질에 대해 초등학생도 쉽게 이해할 수 있도록 썼습니다.

이 책은 빛의 반사, 굴절과 같은 여러 가지 성질을 다루고 있습니다. 또한 여러 가지 거울과 렌즈의 원리에 대해서도 설명하였습니다. 여러 가지 거울을 통해 모습이 다르게 보이는 원리와 렌즈를 사용하여 빛을 모으는 방법에 대해 학생들과 재미있는 실험을 하면서 알기 쉽게 설명하였습니다. 또한 빛을 이용하여 전기를 만드는 방법에 대해서도 재미있게 구성하였습니다.

저는 한국 과학 기술원(KAIST)에서 이론 물리학으로 박사 학위를 받았으며, 대학에서 학생들을 가르친 경험을 바탕으로 학생들을 위해 쉽고 재미난 강의 형식을 도입하여 이 책을 썼습니다. 저는 위대한 물리학자 레일리가 교실에 학생들을 앉혀 놓은 뒤 일상 속 실험을 통해 그 원리를 하나하나 설명해 가는 식으로 그의 위대한 물리 이론을 초등학생들도 이해할 수 있도록 자세하게 서술했습니다.

특히 책의 마지막 부분에 패러디 동화인 '동화 나라의 메리 포핀스' 이야기는 빛의 성질을 이용하여 메리 포핀스와 두 아이들이 펼치는 재미있는 탐험 이야기입니다. 이 동화를 통해 앞의 강의 내용을 총정리할 수 있으면 합니다.

끝으로 이 책을 출간할 수 있도록 배려하고 격려해 준 (주)자음과모음의 사장님과 편집부 여러분께 감사드립니다.

정 완 상

차례

부록

첫 번째 수업

1

빛은 무엇일까요?

눈에 보이지 않는 빛도 있을까요?
빛에 대해 알아봅시다.

1

첫 번째 수업

빛은 무엇일까요?

교.
과.
연.
계.

초등 과학 3-2	4. 빛과 그림자
고등 물리 I	3. 파동과 입자

레일리가 학생들을 어두운 방으로 데려가서 첫 번째 수업을 시작했다.

오늘은 빛에 대해서 이야기하겠습니다.

레일리는 학생들을 어두운 방으로 데리고 갔다.

방이 어두운 것은 빛이 없기 때문입니다.

레일리가 불을 켜자 방이 밝아지고 서로를 볼 수 있었다.

형광등에서 빛이 나왔군요. 그래서 우리는 사물을 볼 수 있

게 되었죠. 빛은 파동입니다. 파동은 다음과 같이 만들 수 있습니다.*

레일리는 벽에 매달린 줄을 흔들었다. 줄이 오르락내리락하면서 파동이 만들어졌다.

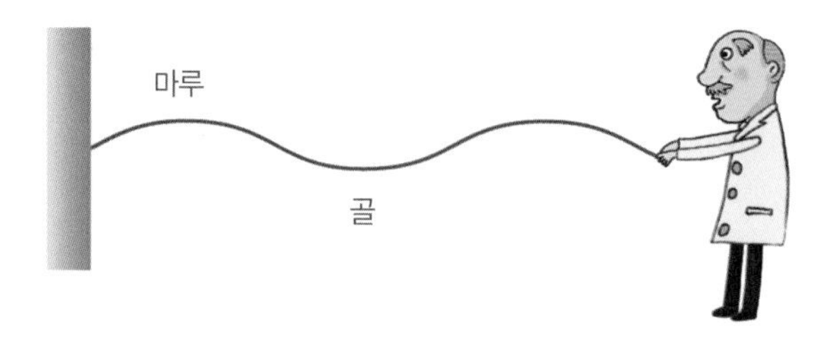

줄이 가장 높이 올라간 지점을 마루라고 하고, 가장 낮게 내려간 곳을 골이라고 합니다. 이때 마루와 마루의 거리 또는 골과 골 사이의 거리를 파장이라고 합니다.

레일리는 줄을 더 세게 흔들었다. 마루와 마루 사이의 거리가 더욱 짧아졌다.

줄을 더 세게 흔들었으므로 줄에 더 큰 에너지가 전달되었

* 《하위헌스가 들려주는 파동 이야기》 참조.

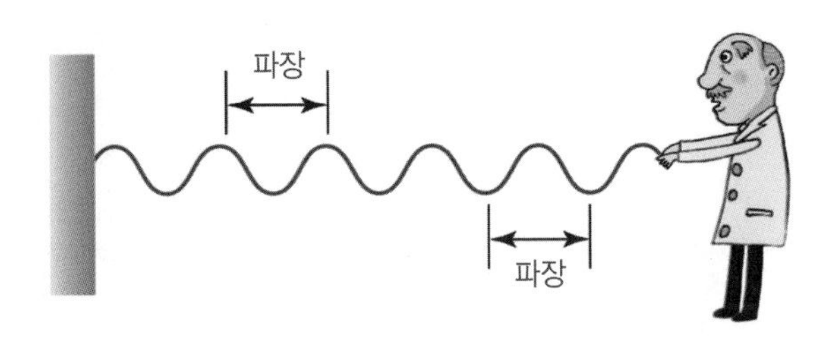

습니다. 이 에너지는 줄에 생긴 파동의 에너지가 되지요. 그러므로 파장이 짧을수록 파동의 에너지가 커진다는 것을 알 수 있습니다.

매질이 뭐죠?

줄에 생긴 파동은 줄을 이루는 점들이 위아래로 진동하면서 만들어집니다. 이때 이 줄을 줄에 생긴 파동의 매질이라고 하지요. 이처럼 파동에는 그 파동을 옮겨 주는 물질인 매질이 있습니다. 예를 들어, 바다에서 볼 수 있는 파도는 물이 매질이지요.

태양과 지구 사이에는 아무것도 없습니다. 그런데 태양에서 지구로 빛이 옵니다. 그렇다면 어떤 물질이 진동하여 햇빛이 지구로 오게 하는 것일까요?

그런 물질은 없습니다. 그런데도 태양의 빛이 지구에 도착합니다. 그러므로 빛은 매질이 없어도 전달되는 파동입니다.

빛은 얼마나 빠르죠?

빛은 우리가 알고 있는 모든 물체들 중에서 가장 빠릅니다. 빛은 1초에 지구를 7바퀴 반이나 돌 정도로 빠릅니다. 즉, 빛의 속력은 초속 30만 km입니다.

빛이 다른 물질 속으로 들어가면 느려집니다. 예를 들어, 빛이 물이나 유리 속으로 들어가면 속도가 줄어들지요.

과학자의 비밀노트

매질에 따른 빛의 속력

빛(전자기파)은 다른 파와 다르게 매질이 없어도 전달되는 파동이다. 오히려 매질이 밀할수록 빛의 속력은 느려지는 경향이 있다. 이처럼 통과하는 물질에 따라 빛의 속력이 다르기 때문에 어떤 물질 속에서 빛이 진행하다가 다른 물질을 만나면 빛의 진행 방향이 꺾이는 굴절 현상이 나타난다.

⇒ 빛의 속력 : 공기(300,000km/s) 〉 물(225,000km/s) 〉 유리(200,000km/s)

눈에 보이지 않는 빛

우리가 눈으로 볼 수 있는 빛은 빨강, 주황, 노랑, 초록, 파랑, 남색, 보랏빛입니다. 이 모든 색깔의 빛을 합치면 흰색으로 보이지요. 이렇게 우리가 눈으로 볼 수 있는 빛을 가시광

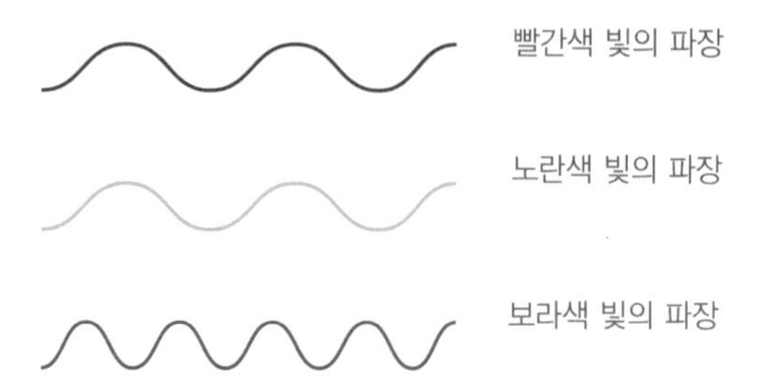

선이라고 합니다.

왜 빛은 여러 가지 색깔을 띠는 걸까요? 그것은 파장이 다르기 때문입니다. 일곱 색깔의 빛 중에서 빨간빛의 파장이 제일 깁니다. 그리고 보랏빛으로 갈수록 파장이 점점 짧아지지요.

예를 들어, 빨간빛의 파장은 760nm 정도이고 보랏빛의 파장은 380nm 정도입니다. nm(나노미터)는 아주 작은 길이를 나타내는 단위로, 1m를 10억 등분했을 때 1조각의 길이입니다. 그러므로 가시광선의 파장은 아주 짧지요.

빨간빛이 보랏빛보다 파장이 길다는 것은 빨간빛의 에너지가 보랏빛의 에너지보다 작다는 것을 말합니다. 즉, 가시광선에서는 빨강에서 보라로 갈수록 에너지가 커집니다.

우리가 눈으로 볼 수 있는 빛은 파장이 380~760nm의 범위에 있는 빛입니다. 그렇다면 빨간빛보다 파장이 길거나 보랏빛보다 파장이 짧은 빛은 어떻게 될까요? 그런 빛은 우리

눈에는 보이지 않습니다.

레일리는 리모컨으로 TV를 켰다.

지금 리모컨에서 TV에 있는 센서로 빛이 나아가고 있습니다. 하지만 우리는 그 빛을 볼 수 없지요. 이 빛은 적외선이라고 하는 빛인데, 빨간빛보다 파장이 길어서 우리 눈으로는 볼 수 없지요.

마찬가지로 보랏빛보다 파장이 짧아서 눈으로 볼 수 없는 빛이 있는데, 이것을 자외선이라고 하지요. 자외선은 에너지가 큰 빛으로 피부에 많이 쪼이면 기미나 주근깨를 만들 수 있지요.

과학자의 비밀노트

자외선 차단제 화장품

햇빛 중에서 단파장인 자외선은 피부에 해를 가한다. 예를 들어 햇빛에 피부를 태우면 멜라민 색소의 생성이 증가되어 기미나 주근깨를 만들며, 심한 경우 피부암을 유발시킨다. 그래서 피부를 보호하기 위해 자외선을 차단해 주는 선크림이라는 기능성 화장품이 있는데, 여기에는 '이소아밀 P-메톡시신나메이트'라는 성분이 들어 있다. 이 성분은 대부분의 방향족 화합물과 같이 자외선 스펙트럼 영역을 강력히 흡수하므로 피부가 햇빛에 타는 것을 막을 수 있다.

만화로 본문 읽기

난 세계 어디든 내 도움이 필요한 곳이라면 빛의 빠르기로 날아가지요.
빛의 빠르기요? 그럼 빠른 건가요?

빛은 우리가 알고 있는 모든 물체들 중에서 가장 빠르단다. 빛은 1초에 지구를 7바퀴 반을 돌 정도로 빠르죠. 즉, 빛의 속력은 무려 초속 30만 km나 되지요.
우아, 빠르네요.

그렇지요? 그러나 빛은 물이나 유리 속으로 들어가면 속력이 줄어들기도 해요.
착
그럼 라이트맨도 물이나 유리 속으로 들어가면 속력이 줄어드나요?

하하, 나는 아니란다. 난 언제나 빠르지요. 그리고 눈에 보이지 않는 빛을 이용해 적의 위치를 파악하기도 한단다.

눈으로 볼 수 있는 빛으로는 빨강, 주황, 노랑, 초록, 파랑, 남색, 보랏빛이 있고 이것을 가시광선이라고 하지요. 나는 이 가시광선 외의 빛을 이용해 적의 위치를 파악한단다.
왜 가시광선 외의 빛은 우리 눈에 안 보이는 거죠?

우리가 눈으로 볼 수 있는 빛의 파장 범위는 380nm에서 760nm밖에 안 되기 때문이란다. 즉, 빨간빛보다 파장이 길거나 보랏빛보다 파장이 짧은 빛은 우리 눈에 보이지 않아요.

내가 적의 위치를 파악할 때 쏘는 광선은 적외선으로, TV의 리모컨도 같은 광선을 이용하지요. 적외선은 빨간빛보다 파장이 길어서 눈으로 볼 수 없어요. 마찬가지로 자외선도 보랏빛보다 파장이 짧아서 눈으로 볼 수가 없어요.
아, 눈으로 볼 수 없지만 여러 종류의 빛이 있군요.

두 번째 수업

2

물체는 왜 여러 색으로 보일까요?

빛은 일곱 색깔이 있다고 합니다.
물체가 여러 가지 색으로 보이는 이유를 알아봅시다.

2

두 번째 수업

물체는 왜 여러 색으로 보일까요?

교. 과. 연. 계.

초등 과학 3-2 4. 빛과 그림자

고등 물리 I 3. 파동과 입자

레일리가 물체의 색깔을 볼 수 있는 이유에 대해 두 번째 수업을 시작했다.

오늘은 빨간 물체가 왜 빨갛게 보이고, 파란 물체는 왜 파랗게 보이는가에 대해 알아보겠습니다.

물체가 색깔대로 보이는 이유

우리는 형광등이나 태양에서 오는 빛에 일곱 색깔의 빛이 모두 포함되어 있다고 배웠습니다.

빛은 파동이면서 동시에 당구공 같은 알갱이이므로, 오늘

은 빛을 알갱이로 생각하여 다루어 보겠습니다.

레일리는 학생들을 데리고 당구장으로 가서 빨 · 주 · 노 · 초 · 파 · 남 · 보 일곱 색깔의 당구공을 포켓볼 당구대 위에 놓았다.

이 7개의 당구공처럼 빛은 일곱 종류의 알갱이로 이루어져 있습니다.

레일리는 벽을 향해서 빨간빛 레이저를 쏘았다.

빨간 레이저 속에는 빨간빛 알갱이들만 있지요. 하지만 흰

빛에는 일곱 색의 빛 알갱이들이 모두 살고 있답니다. 그렇다면 왜 빨간 물체는 빨갛게 보일까요? 이제부터 그 이유를 알아보겠습니다.

레일리는 7명의 학생들에게 7가지 색의 모자를 쓰게 했다. 그리고 조그만 문이 달린 빨간 방을 향해 학생들을 달려가게 했다. 모두 방 안으로 들어갔지만, 빨간 모자를 쓴 학생이 상자로 들어가려는 순간 문이 닫혔다. 레일리는 빨간 모자를 쓴 학생에게 자기 쪽으로 오게 했다.

이것이 바로 빨간 상자가 빨갛게 보이는 원리입니다. 7명의 학생들을 흰빛 속에 있던 7가지 색깔의 빛 알갱이라고 하고, 나를 우리의 눈이라고 생각하세요.

7가지 색깔의 빛 알갱이가 빨간 상자에 부딪친 뒤 다른 색들은 모두 흡수되고 빨간빛만 반사되어 내게 왔지요? 그러니까 우리의 눈으로 들어온 빛은 빨간빛밖에 없으므로 우리는 빨간 상자를 빨갛게 보게 되는 것입니다.

하늘이 파란 이유

낮에는 하늘이 파랗게 보입니다. 그 이유는 무엇일까요?

우리가 바라보는 하늘에는 공기 알갱이들이 있습니다. 이들은 태양에서 오는 모든 빛 중에서 파장이 짧은 파란빛을 가장 많이 산란시킵니다. 그러니까 파란빛이 우리 눈에 들어와

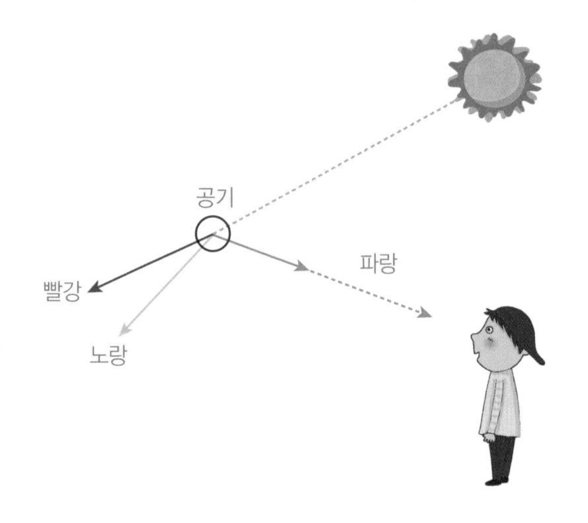

파란색으로 보이는 것입니다.

하지만 공기가 없는 달에서는 낮에도 하늘이 검게 보입니다.

구름이 하얀 이유

이번에는 구름이 하얗게 보이는 이유를 알아보겠습니다.

레일리는 7가지 색의 모자를 쓴 학생들에게 조그만 문이 달린 하얀 방을 향해 달려가게 했다. 하얀 방은 문이 굳게 닫혀 있어 누구도 안으로 들어갈 수 없었다. 레일리는 방 안으로 들어가지 못한 학생들을 자기 쪽으로 오게 했다.

7가지 색깔의 빛 알갱이는 모두 흰 상자 안으로 들어가지 못했습니다. 그러니까 모두 반사되어 나에게로 왔지요. 나를 우리의 눈이라고 생각하면 내 눈에 들어온 빛에는 일곱 색깔의 빛이 모두 포함되어 있습니다. 그것들이 모두 섞여 흰빛이 되지요. 그러므로 상자는 하얗게 보입니다.

이것이 구름이 하얗게 보이는 이유입니다. 구름은 크고 작은 물방울들로 이루어져 있습니다. 이들은 모든 색깔의 빛을 반사시키죠. 그래서 구름에 반사된 빛에는 모든 색깔의 빛이 섞여 있고, 이것이 우리 눈으로 들어오므로 구름은 우리 눈에 하얗게 보이게 되지요.

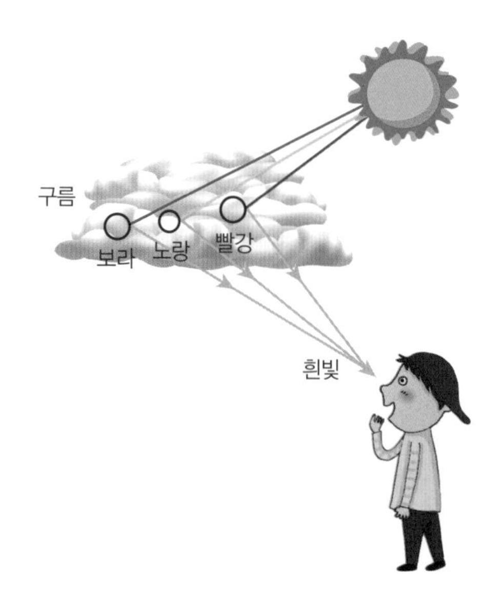

그림자가 검게 보이는 이유

이번에는 검게 보이는 물체의 원리에 대해 알아보겠습니다.

레일리는 7가지 색의 모자를 쓴 학생들에게 조그만 문이 달린 검은 방을 향해 달려가게 했다. 학생들은 모두 검은 방 안으로 들어갔다. 그러므로 레일리에게 오는 학생은 1명도 없었다.

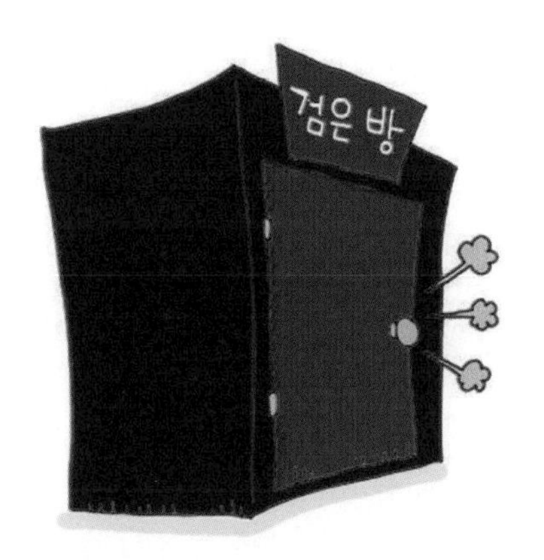

나를 우리의 눈이라고 했으니까 눈으로 들어오는 빛이 하나도 없군요. 이럴 때 물체는 우리 눈에 검은색으로 보입니다. 그러니까 물체가 검게 보인다는 것은 물체에 반사되어 우리 눈으로 오는 빛이 없다는 것을 말하지요.

그림자가 검게 보이는 이유도 마찬가지입니다.

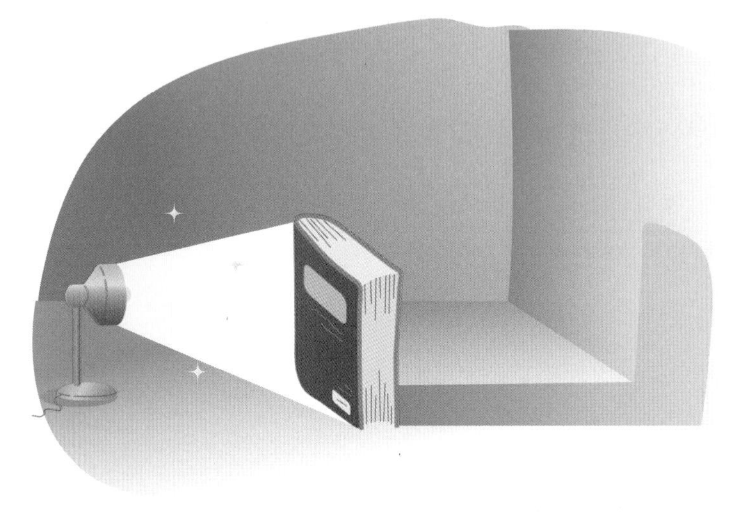

레일리는 전구와 벽 사이에 두꺼운 책을 놓았다. 벽에 검은 그림자가 만들어졌다.

여러분은 지금 벽을 보고 있습니다. 하지만 전구에서 나온 일곱 색깔의 빛 알갱이가 두꺼운 책에 모두 반사되었으므로, 어떤 빛 알갱이도 벽에 가지 못하게 되었지요. 그러므로 벽에 반사되어 여러분의 눈에 들어간 빛도 없습니다. 그래서 여러분은 벽에서 검은 그림자를 보게 되는 것입니다.

물체가 실제로는 검지 않은데, 검게 보이는 경우도 있습니다.

레일리는 불을 끄고 파란 물체에 빨간 레이저 빔을 쏘았다. 하지만 파란 물체는 보이지 않았다.

물체는 분명 파란색입니다. 하지만 빨간 레이저에는 빨간빛 알갱이들만 있으므로 반사시킬 파란빛 알갱이가 없어, 파란 물체에 부딪친 뒤 우리 눈으로 오는 빛은 없습니다. 레이저에서 나온 빨간빛 알갱이는 파란 물체에 흡수되니까요. 그래서 파란 물체에 빨간빛을 쪼이면 검게 보입니다.

바다가 푸른 이유

이번에는 바다가 푸른 녹색으로 보이는 이유를 알아보겠습니다. 햇빛이 바다로 들어가면 일곱 색깔의 빛이 모두 바닷물 속으로 들어갑니다. 이때 빨간빛은 바닷물 속에 흡수되고 나머지 색깔의 빛은 반사됩니다.

그러므로 바다에서 반사된 빛에는 빨간빛 알갱이가 빠져 있습니다. 그러므로 여러분은 빨간색이 빠진 빛으로 바다를 보게 됩니다. 이렇게 7가지 색의 빛이 섞여 있다가 빨간색이 빠진 빛을 빨간색의 보색이라고 하는데, 바다는 바로 빨간색의 보색인 푸른 녹색으로 보이게 됩니다.

과학자의 비밀노트

보색

두 가지 색깔을 겹쳐서 흰색을 만들 때, 그 두 가지 색깔을 보색 또는 보색 관계라고 한다. 빛의 삼원색이 빨강, 파랑, 초록이므로 빨강과 초록이 겹쳐서 나타난 노랑은 파랑만 겹치면 흰색이 되므로, 노랑과 파랑은 보색 관계가 되는 것이다. 빨강과 파랑이 겹쳐서 나타난 자홍은 초록과 보색 관계이며, 파랑과 초록이 겹쳐서 나타난 청록은 빨강과 보색 관계이다.

또한 백색광에서 어떤 색깔을 뺀다면 남는 색깔이 뺀 색깔의 보색이 된다. 예를 들면 빨강만 흡수하는 색소에 백색광을 비출 때 그 빛은 반사되어 청록색이 되는 것이다.

만화로 본문 읽기

도와줘요. 라이트맨!
나의 도움을 필요로 하는 자 누구냐? 내가 왔다. 적은 어디에 있느냐?

미안해요, 라이트맨. 적은 없어요. 하지만 너무 궁금해서요. 왜 물체는 각각 색을 가지고 있는 거죠?
하하, 지금은 한가하니 설명해 주지요. 그러니까 빛은 7종류의 알갱이로 이루어져 있단다.

그런데 이 레이저 광선은 그 속에 빨간빛 알갱이들만 있어서 빨갛게 보이는 거란다. 하지만 흰빛에는 일곱 색의 빛 알갱이들이 모두 모여 있어요.
그럼 왜 빨간 물체는 빨갛게 보여요?

자, 여기 일곱 빛깔의 부메랑이 흰빛 속의 빛의 알갱이라고 하고 벽을 향해 던져보마.
휘릭

타타탁
휘익

보는 것처럼 일곱 색깔의 부메랑 중에 붉은 부메랑만이 돌아왔죠? 마찬가지로 흰빛 속의 빛 알갱이도 빨간 상자에 부딪친 뒤 다른 색들은 모두 흡수되고 빨간빛만 반사되어 나오니까 눈으로 들어온 빛은 빨간빛밖에 없으므로 우리는 빨간 상자를 빨갛게 보게 되는 것이란다.

아….

하늘이 파란 이유도 마찬가지란다. 하늘에는 공기 알갱이들이 있는데 이들은 태양에서 오는 모든 빛 중에서 파란빛을 가장 많이 산란시키지. 그래서 하늘이 파랗게 보이는 것이란다. 또한 공기가 없는 달에서는 낮에도 하늘이 검게 보인단다.

와~, 정말요?

세 번째 수업 3

빛은 어떻게 반사될까요?

빛은 물체를 만나 어떻게 반사될까요?
빛의 반사 원리를 알아봅시다.

3

세 번째 수업

빛은 어떻게 반사될까요?

교과연계.

초등 과학 5-1	1. 거울과 렌즈	
고등 물리 I	3. 파동과 입자	

레일리가 학생들을 당구장으로 데리고 가서 세 번째 수업을 시작했다.

오늘은 빛의 반사에 대해 알아보겠습니다.

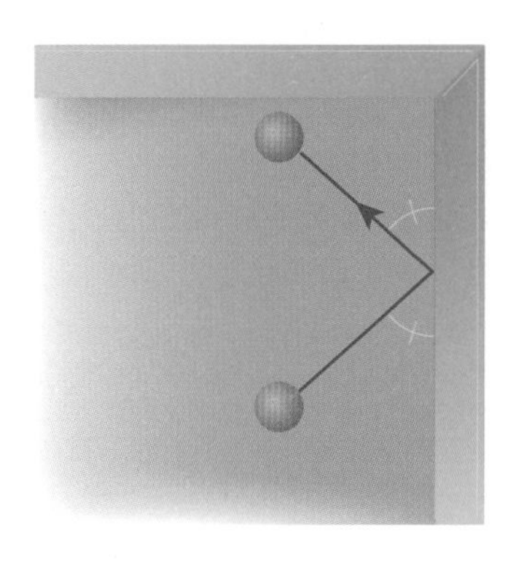

레일리는 학생들을 당구장으로 데리고 갔다. 그리고 당구공을 벽에 비스듬히 충돌시켰다.

당구공이 벽으로 들어간 각도와 튀어나온 각도가 같지요? 그렇다면 빛은 어떻게 반사될까요?

레일리는 거울에 비스듬히 빨간색 레이저를 쏘았다. 빨간빛이 거울에 부딪친 뒤 같은 각도로 반사되었다.

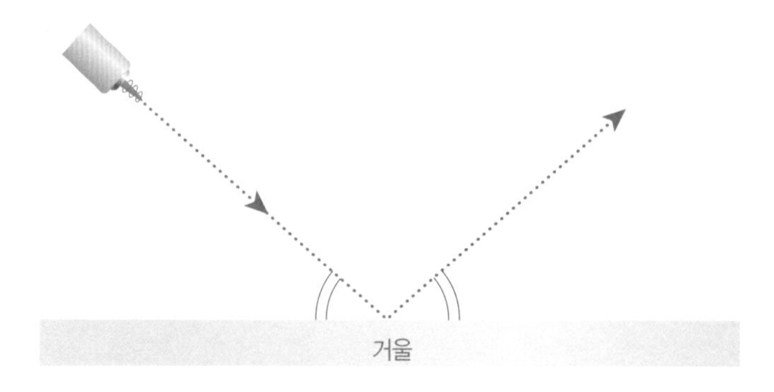

빛도 마찬가지로 들어가는 각도와 튀어나오는 각도가 같습니다. 이것을 빛의 반사의 법칙이라고 합니다.

이때 거울로 들어가는 빛이 거울 면에 수직인 방향과 이루는 각을 입사각, 반사된 빛이 거울 면에 수직인 방향과 이루는 각을 반사각이라고 합니다. 그러므로 빛의 반사의 법칙은 다음과 같습니다.

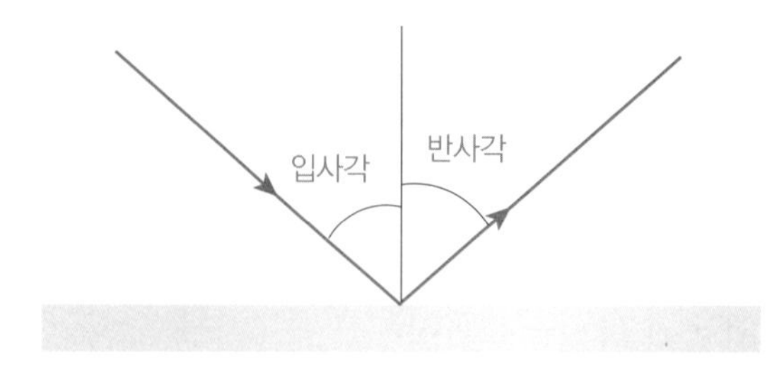

빛이 반사될 때 입사각과 반사각은 같다.

빛은 왜 이런 반사의 법칙을 만족할까요? 그것은 빛이 어떤 지점을 지나갈 때 가장 시간이 적게 걸리도록 움직이기 때문입니다.

이것을 실험으로 알아봅시다.

레일리는 민지와 철이를 벽 앞에 서게 했다. 그리고 학생들이 숫자를 외칠 때마다 큰 걸음으로 한 걸음씩 걸어간 후, 벽과 만난 뒤에는 목표 지점을 향해 걷게 했다.

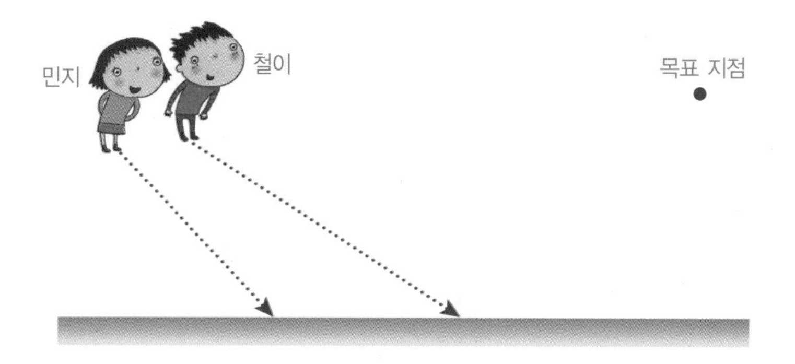

민지는 벽에 먼저 도착하는 길을 따라가고, 철이는 입사각과 반사각이 같아지는 부분의 벽과 만나 목표 지점으로 갈 것입니다.

학생들이 하나를 외쳤다. 민지는 벽에 도착했지만, 철이는 아직 벽에 도착하지 않았다.

민지가 먼저 벽에 도착했군요. 그렇다면 민지가 목표 지점에 먼저 도착할까요?

학생들은 둘을 외쳤다. 민지는 목표 지점으로 나아갔고 철이는 이제야 벽과 부딪쳤다.

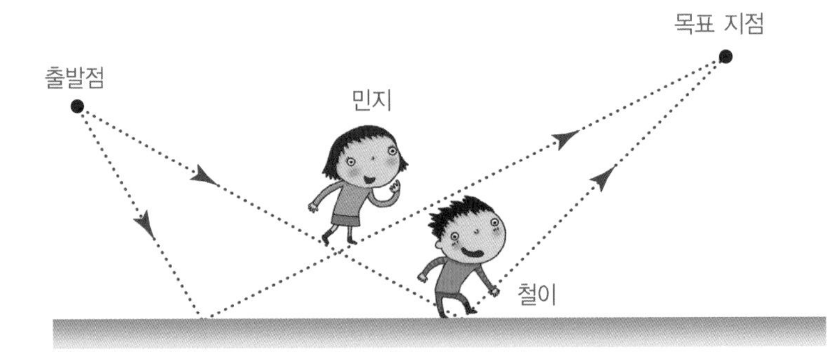

학생들은 셋을 외쳤다. 민지와 철이가 목표 지점을 향해 한 걸음씩 더 나아갔다.

학생들은 넷을 외쳤다. 철이는 목표 지점에 도착했지만, 민지는 도착하지 못했다.

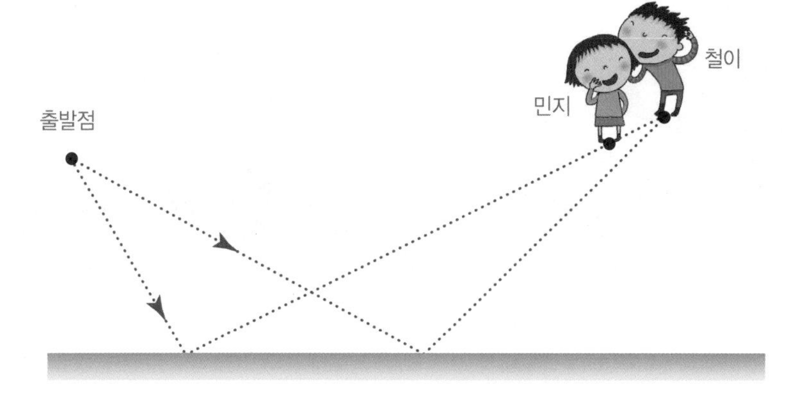

철이가 먼저 목표 지점에 도착했군요. 철이처럼 입사각과 반사각이 같아지는 부분의 벽과 만나 목표 지점을 갈 때 시간이 제일 적게 걸리게 됩니다.

만화로 본문 읽기

하하하, 라이트맨, 이 인질이 있는 한 넌 광선을 쏠 수 없겠지?
하하, 글쎄….

자, 봐라. 이렇게 벽에 비스듬히 공을 던지면 들어간 각도와 같은 각도로 튀어나오게 된다.
뭐…
뭐하는 거냐?
탁

빛도 마찬가지로 들어가는 각도와 튀어나오는 각도가 같다. 이것을 빛의 반사의 법칙이라고 부르지.

이렇게 말이다.

이때 거울로 들어가는 빛이 거울 면에 수직인 방향과 이루는 각을 입사각, 반사된 빛이 거울 면에 수직인 방향과 이루는 각을 반사각이라고 부르지.
으아악!!

하하, 어떠냐?
나의 빛을 반사시키는 솜씨가!
흐미….

네 번째 수업

4

빛은 어떻게 꺾일까요?

물속에 담근 젓가락은 왜 꺾여 보일까요?
빛의 굴절에 대해 알아봅시다.

4

네 번째 수업

빛은 어떻게 꺾일까요?

교. 고등 물리 I 3. 파동과 입자
과.
연.
계.

레일리가 빛의 굴절에 대해 네 번째 수업을 시작했다.

오늘은 빛이 물속에서 꺾이는 현상에 대해 알아보겠습니다. 빛이 꺾이는 현상을 빛의 굴절이라고 하지요.

레일리는 물이 차 있는 수조에 빛을 비추었다. 빛은 물속으로 꺾여 들어갔다.

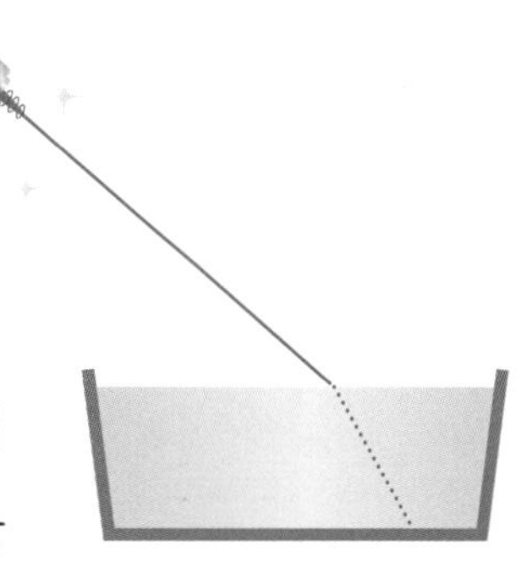

빛이 왜 물속에서 꺾였을까요? 이것은 빛의 속도가 공기 중에서와 물

속에서 각각 다르기 때문입니다. 빛은 진공에서는 초속 30만 km로 움직입니다. 하지만 물속에서는 빛의 속도가 $\frac{3}{4}$으로 줄어들게 되지요.

그러므로 빛이 공기에서 물속으로 들어갈 때는 공기에서는 빨랐다가 물에서는 느려지지요. 이런 상황에서 빛은 제일 짧은 시간이 걸리기 위해 꺾이게 됩니다.

왜 그런지 알아봅시다.

레일리는 민지와 철이 앞에 선을 그리고 선 안쪽에 목표 지점을 표시했다. 그리고 민지는 똑바르게 목표 지점을 향해 가고, 철이는 꺾어진 길을 따라 목표 지점에 가게 했다. 하지만 선을 넘기 전에는 큰 걸음으로, 선을 넘은 뒤에는 작은 걸음으로 걷게 했다.

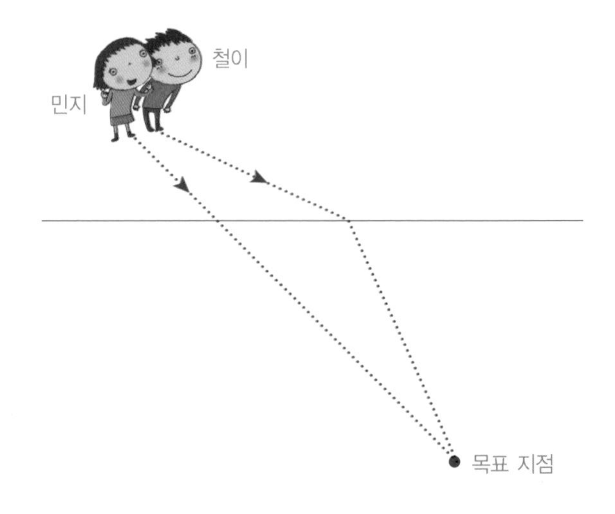

학생들이 하나를 외쳤다. 민지는 선에 도착했지만, 철이는 아직 도착하지 않았다.

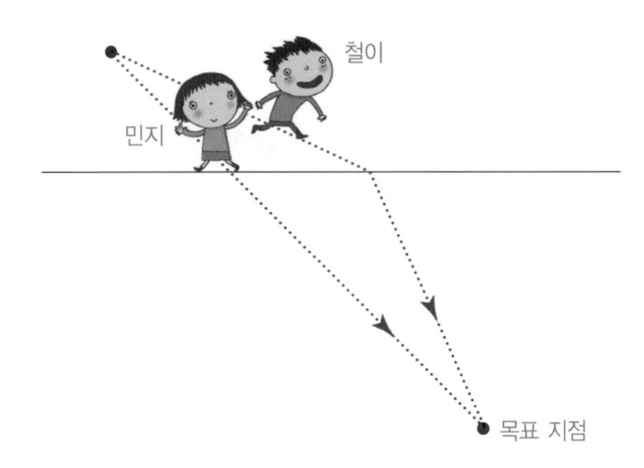

학생들이 둘을 외쳤다. 철이는 큰 걸음으로 선에 도착했고, 민지는 작은 걸음으로 선을 넘어서 걷기 시작했다.

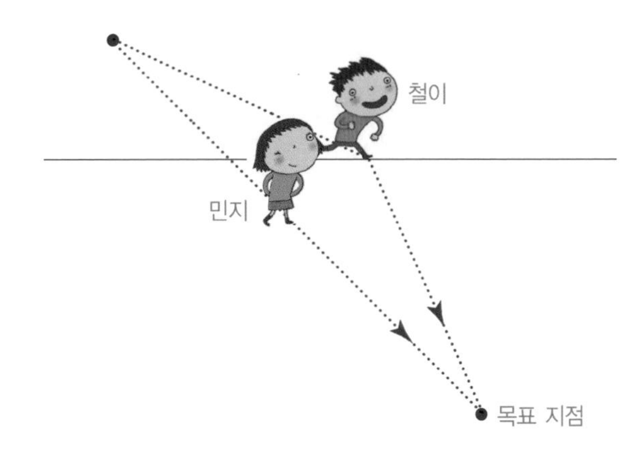

학생들이 셋을 외쳤다. 민지와 철이는 작은 걸음으로 목표 지점으로 걸어갔다.

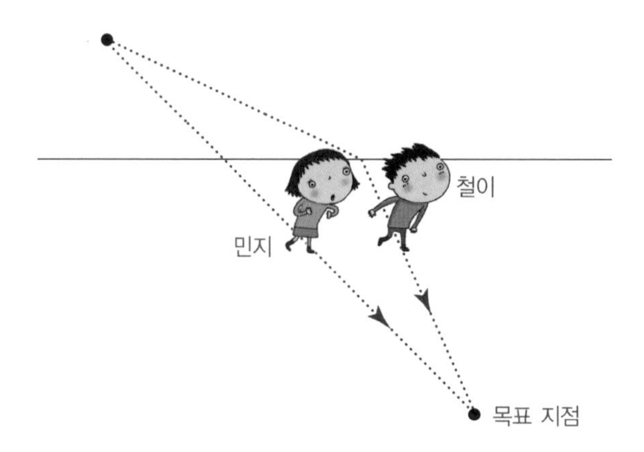

학생들이 넷을 외쳤다. 민지와 철이는 작은 걸음으로 목표 지점으로 걸어갔다.

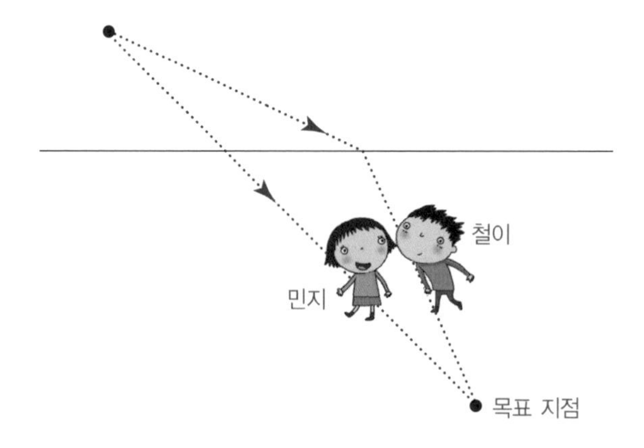

학생들이 다섯을 외쳤다. 철이가 먼저 목표 지점에 도착했다.

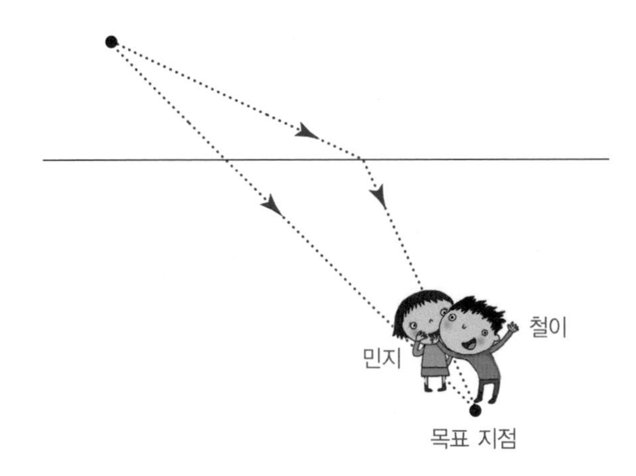

철이가 오히려 긴 거리를 갔는데도 시간이 더 적게 걸렸지요? 이것이 바로 빛이 꺾이는 이유입니다. 즉, 빛은 자신이 빠르게 움직일 수 있는 공기 중에서는 더 긴 거리를 가고, 자신이 느리게 움직이는 물속에서는 짧은 거리를 가서 시간이 적게 걸리게 하지요.

빛의 굴절의 예

빛의 굴절의 예를 알아봅시다.

레일리는 물이 없는 유리컵에 젓가락을 걸쳐 놓았다.

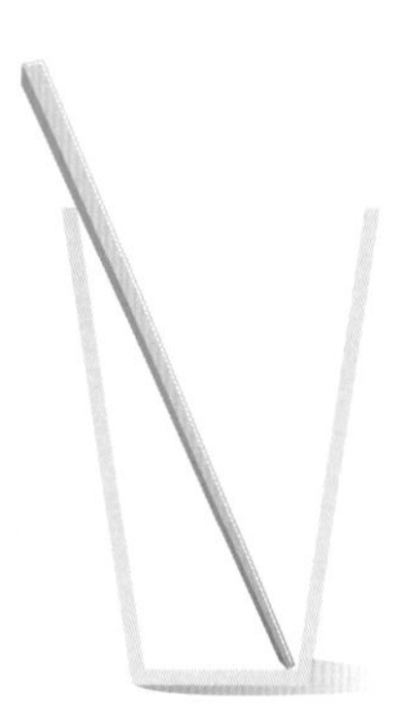

젓가락이 일직선으로 보이지요? 이제 마술을 보이겠습니다.

레일리는 유리컵에 물을 부었다.

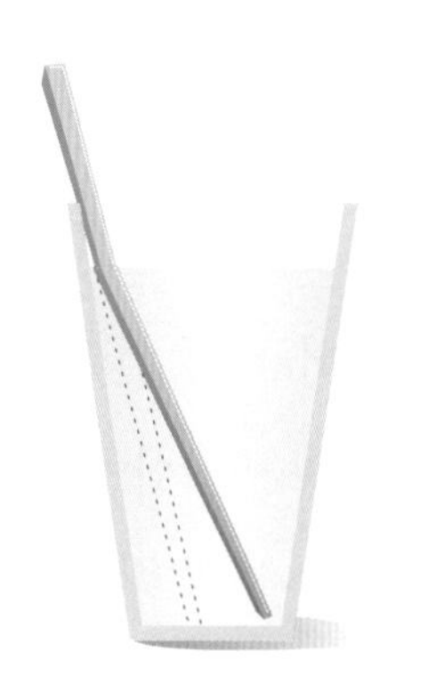

젓가락이 꺾여 보이는군요. 이것은 바로 빛의 굴절 때문에 나타나는 현상입니다.

또 다른 마술을 보여 주겠습니다.

레일리는 상자 바닥에 동전을 놓았다. 그리고 민지에게 동전이 보이는지를 물었다. 상자의 벽에 가려 민지는 동전을 볼 수 없었다.

이제 민지가 동전을 볼 수 있도록 하겠습니다.

레일리는 상자에 물을 가득 부었다. 정말 민지의 눈에 동전이 보였다. 동전은 바닥보다 높은 곳에 있는 것처럼 보였다.

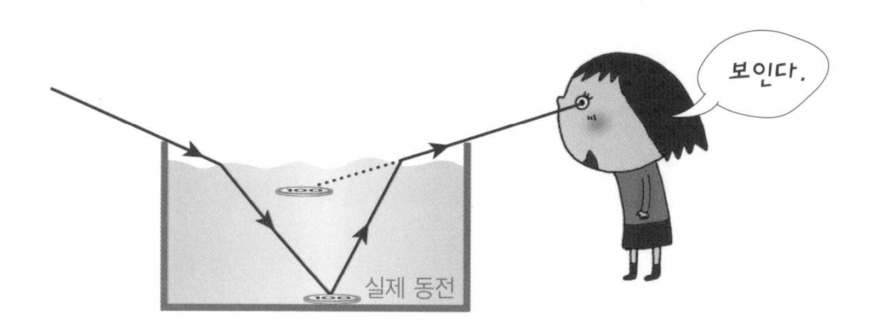

이렇게 물속에서 빛이 굴절되기 때문에 안 보이던 물체가 보이게 되지요. 이때 물속에 보이는 물체는 실제 그 위치의 물체가 아닙니다. 실제 물체는 보이는 위치보다 더 아래에 있는 것이지요.

신기루

뜨거운 여름, 낮에 차를 타고 도로를 가다 보면 도로에 물

이 고여 있는 것처럼 보입니다. 하지만 실제로 가 보면 도로에는 물이 없습니다. 이런 현상을 신기루라고 합니다.

왜 이런 일이 일어날까요? 이것은 바로 빛의 굴절 때문입니다. 뜨거운 도로 표면의 공기는 뜨겁고, 위쪽 공기는 차갑습니다. 빛은 아무것도 없는 진공에서 가장 빠르다고 했습니다. 그러므로 공기 중에서는 진공에서보다 느려지지요. 공기의 양이 적은 곳을 지날 때 빛은 더 빠릅니다.

뜨거운 공기들은 움직임이 빨라 빛의 진행을 덜 방해하지만, 차가운 공기들은 움직임이 느려 빛의 진행을 많이 방해하지요. 그러므로 빛은 뜨거운 공기에서는 빠르고, 차가운 공기에서는 느립니다. 빛은 차가운 공기가 있는 위쪽으로 휘어지게 됩니다. 그로 인해 하늘이 도로 바닥에 보여 마치 물이 고여 있는 것처럼 보이게 되는 것이 신기루 현상입니다.

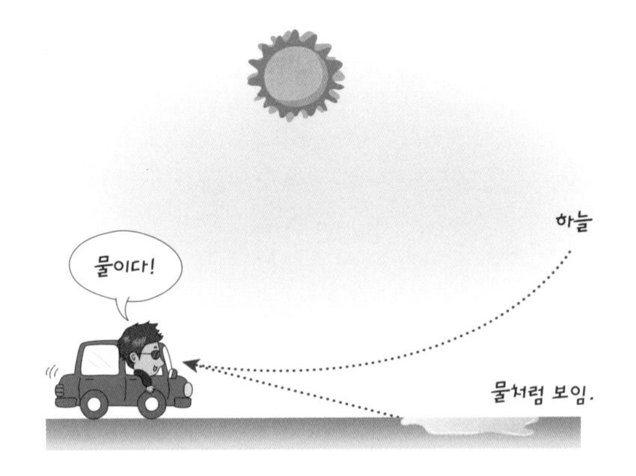

과학자의 비밀노트

전반사

빛이 밀한 매질에서 소한 매질로 진행할 때 나타날 수 있는 현상이다. 예를 들어 빛이 물속에서 공기 중으로 나올 때, 입사각을 점점 크게 하여 굴절각이 90° 이상이 되면 빛은 모두 반사만 하게 되는데, 이런 현상을 전반사라고 한다. 이때 굴절각이 90°가 되는 입사각을 임계각이라고 한다. 전반사는 광섬유와 광통신 등에 이용된다.

만화로 본문 읽기

괴수가 물속으로 달아나고 있어요. 어서 광선을 쏴요. 라이트맨!
기다리렴. 지금 각도를 계산 중이니.

자, 이걸 봐요.
앗! 빛이 물속에 들어가자 꺾였어요. 왜 그런 거죠?

빛의 속력이 공기 중에서와 물속에서 각각 다르기 때문이란다. 빛은 물속으로 들어가면 속력이 느려지지요. 따라서 빛이 공기에서 물속으로 들어갈 때는, 공기에서는 빨랐다가 물에서는 느려지면서 굴절 현상이 일어난단다.
???

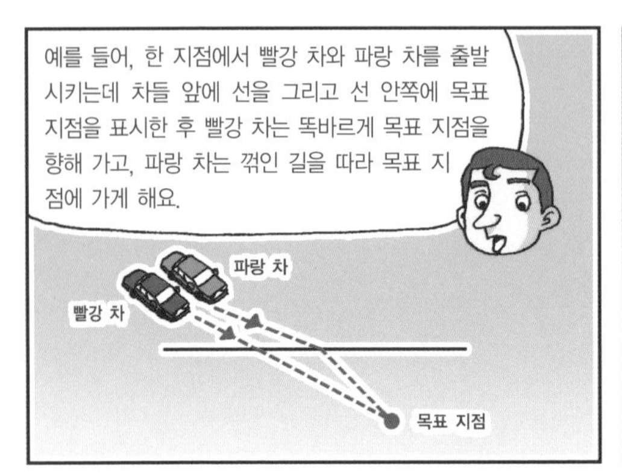

예를 들어, 한 지점에서 빨강 차와 파랑 차를 출발시키는데 차들 앞에 선을 그리고 선 안쪽에 목표 지점을 표시한 후 빨강 차는 똑바르게 목표 지점을 향해 가고, 파랑 차는 꺾인 길을 따라 목표 지점에 가게 해요.
파랑 차
빨강 차
목표 지점

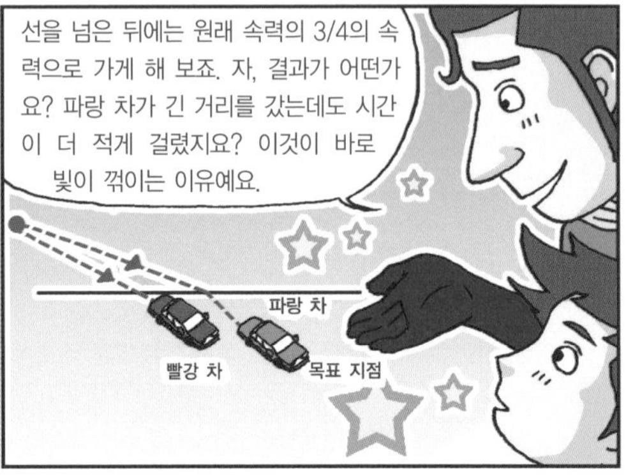

선을 넘은 뒤에는 원래 속력의 3/4의 속력으로 가게 해 보죠. 자, 결과가 어떤가요? 파랑 차가 긴 거리를 갔는데도 시간이 더 적게 걸렸지요? 이것이 바로 빛이 꺾이는 이유예요.
파랑 차
빨강 차
목표 지점

즉 빛은 자신이 빠르게 움직일 수 있는 공기 중에서는 더 긴 거리를 가고, 자신이 느리게 움직이는 물속에서는 짧은 거리를 가서 시간이 제일 적게 걸리게 하는 것이지요.
아, 그렇군요. 저기 근데 괴수가 벌써 달아나 버렸는데….

다섯 번째 수업

5

빛의 분산

빛이 일곱 색깔로 이루어져 있다는 것을 어떻게 알 수 있을까요?
빛의 분산에 대해 알아봅시다.

5

다섯 번째 수업

빛의 분산

교. 고등 물리 I 3. 파동과 입자
과.
연.
계.

레일리가 프리즘을 가지고 와서 다섯 번째 수업을 시작했다.

오늘은 프리즘을 통해 빛이 분산되는 현상에 대해 살펴보겠습니다.

레일리는 프리즘에 흰빛을 통과시켰다. 프리즘을 통과한 빛은 일곱 색깔로 갈라졌다.

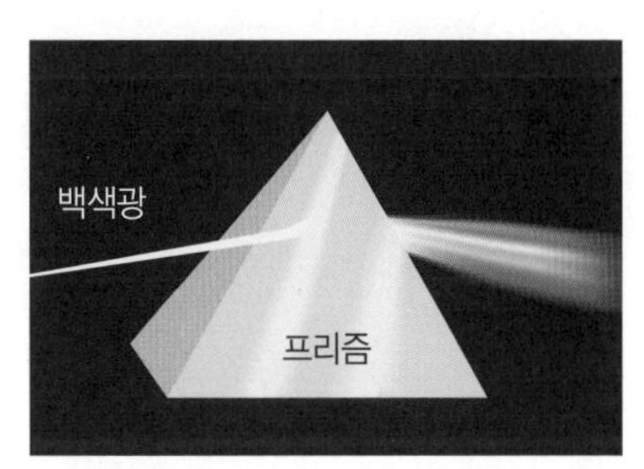

이렇게 여러 색깔의 빛이 섞여 있다가 서로 다른 색깔의 빛으로 갈라지는 현상을 빛의 분산이라고 합니다.

빛은 일곱 색깔의 빛 알갱이들로 이루어져 있으므로, 프리즘을 통해 갈라진 빛은 일곱 색깔로 나타나게 됩니다. 이렇게 나타난 일곱 색깔의 띠를 스펙트럼이라고 합니다.

왜 프리즘을 통해 빛의 분산이 일어날까요? 그것은 일곱 색깔의 빛이 프리즘에서 꺾이는 정도가 다르기 때문입니다. 빨간빛처럼 파장이 긴 빛은 덜 꺾이고, 보랏빛처럼 파장이 짧은 빛은 많이 꺾이게 되지요. 그로 인해 일곱 개의 색깔이 갈라져 보이게 됩니다.

빛을 알갱이로 생각하여 빛의 분산을 설명할 수도 있습니다. 빛을 이루는 일곱 색깔의 알갱이 중에서 빨간빛은 에너지가 작은 알갱이입니다. 그러므로 방향을 바꾸기가 어렵습니다. 반면에 보랏빛은 에너지가 큰 알갱이입니다. 그러므로 방향을 바꾸기가 쉽습니다.

이것을 실험해 보죠.

레일리는 트럭, 승용차, 오토바이를 나란히 달리게 했다.

트럭을 빨간빛 알갱이, 승용차를 노란빛 알갱이, 오토바이를 보랏빛 알갱이에 각각 비유합시다.

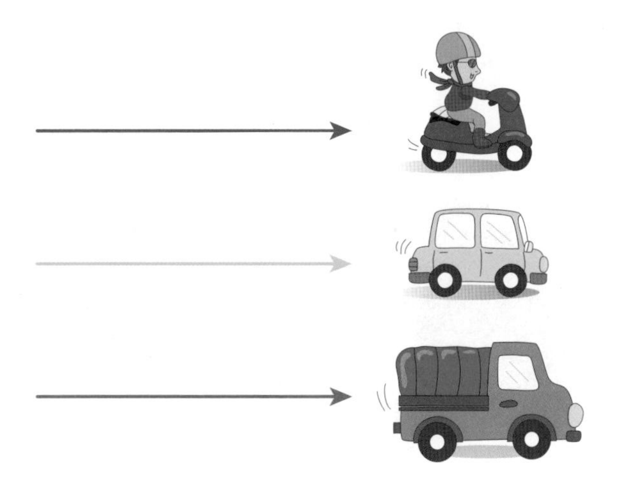

레일리는 트럭, 승용차, 오토바이에게 우회전을 하라고 했다.

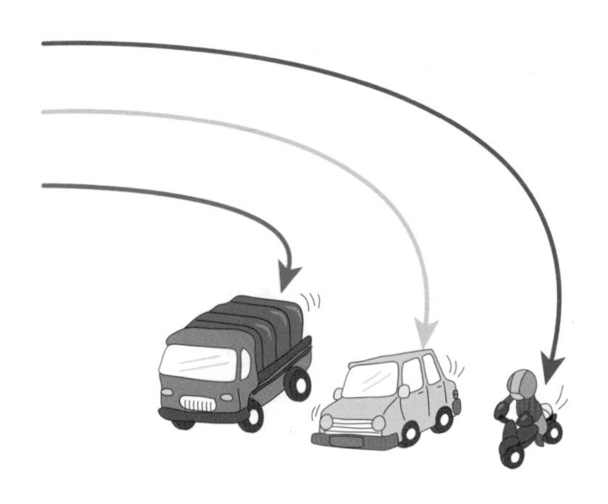

트럭은 조금 휘어지고, 승용차가 그 다음으로 많이 휘어지고, 오토바이는 가장 많이 휘어졌지요? 이런 식으로 보랏빛이 빨간빛보다 많이 꺾이는 것을 설명할 수 있습니다.

무지개의 원리

빛의 분산의 대표적인 예는 무지개입니다. 하늘에는 프리즘이 없는데, 어떻게 빛이 분산되어 무지개가 만들어질까요?

무지개는 비가 갠 직후에 만들어집니다. 조금 전까지 비가 왔었기 때문에 하늘에는 물방울들이 많이 있습니다. 이 동그란 물방울들이 프리즘의 역할을 하게 됩니다. 빛이 물방울에 들어갔다가 나올 때, 빨간빛과 보랏빛은 갈라지게 됩니다.

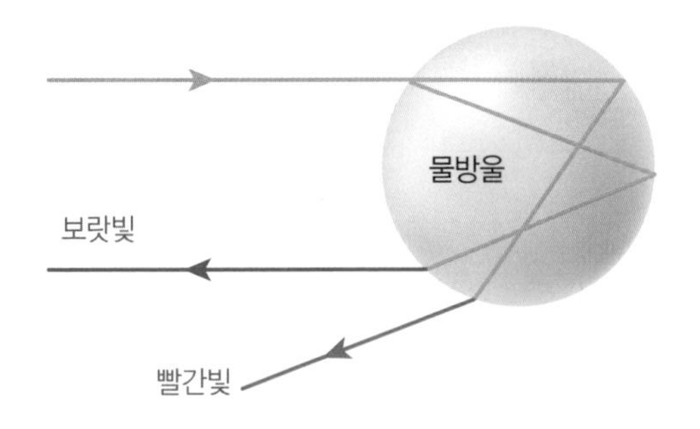

어랏! 보랏빛이 위로 가는군요? 그런데 왜 우리가 보는 무지개는 빨간빛이 위에 있을까요?

사실 우리가 보는 무지개는 하나의 물방울에 의해 만들어진 것은 아닙니다. 예를 들어, 빨강과 보라만 생각해 보죠.

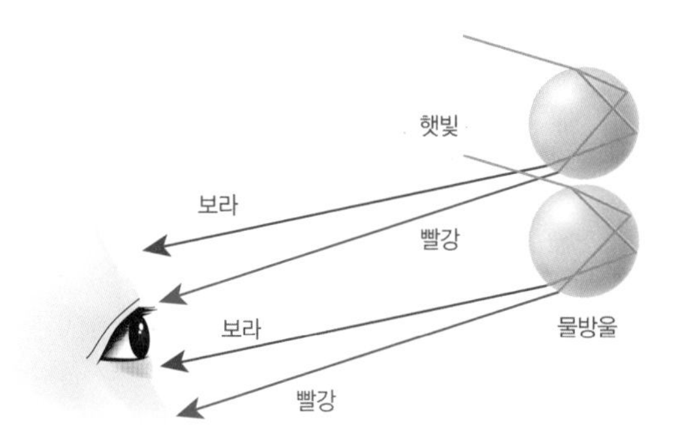

위의 그림과 같이 2개의 물방울에 반사된 빛이 사람의 눈에 들어오는 경우를 봅시다.

그러니까 위쪽 물방울에서 적게 꺾인 빨간빛과 아래쪽 물방울에서 많이 꺾인 보랏빛이 함께 우리의 눈으로 들어오기 때문에 우리는 빨간빛이 위에 있는 무지개를 보게 되는 것입니다.

간단하게 무지개를 만들 수 있는 방법이 있습니다.

레일리는 태양을 등지고 입에 물을 머금었다가 내뱉었다. 그러자 순간적으로 무지개가 만들어졌다가 사라졌다.

과학자의 비밀노트

무지개가 만들어지는 원리

사람의 눈과 무지개의 보라색은 물방울로부터 분산되어 40°를 이루고 빨간색은 42°를 이루며, 나머지 색들은 40°와 42° 사이에 분포한다. 따라서 빨간색은 항상 무지개의 가장 위쪽에 위치한다. 때로는 무지개 주위에서 빛깔의 배열이 뒤바뀐 또다른 무지개를 볼 수 있는데, 이것은 물방울 속에서 빛이 두 번 반사되어 만들어진 것으로 본 무지개보다 더 희미하게 보인다.

만화로 본문 읽기

철이 군, 언제든 내 도움이 필요하면 이 프리즘에 빛을 통과시켜 빛이 비치게 하여 나를 불러요.
알았어요.

이렇게 말이죠? 와~, 빛이 일곱 색깔로 갈라졌어요. 왜 그런 거죠?
그건 빛의 분산 때문이에요.

여러 색깔의 빛이 섞여 있다가 서로 다른 색깔의 빛으로 갈라지는 현상을 빛의 분산이라고 해요. 빛은 7색깔의 빛 알갱이들로 이루어져 있으므로, 프리즘을 통해 갈라진 빛은 7색깔로 나타나게 되는 것이죠. 또 이렇게 나타난 7색깔의 띠를 스펙트럼이라고 하지요.
스펙트럼이요? 멋지다.
그런데 왜 프리즘을 통해 빛의 분산이 일어나는지 궁금하죠? 그것은 7색깔의 빛이 프리즘에서 꺾이는 정도가 다르기 때문이지요. 빨간빛처럼 파장이 긴 빛은 덜 꺾이고, 보랏빛처럼 파장이 짧은 빛은 많이 꺾이게 되니까 그로 인해 7개의 색깔로 갈라져 보이게 돼요.

빛을 알갱이로 생각하여 빛의 분산을 설명할 수도 있는데 빛을 이루는 7색깔의 알갱이 중에서 빨강은 에너지가 작은 알갱이니까 덩치가 큰 알갱이로 비유할 수 있고, 반면에 보랏빛은 에너지가 큰 알갱이이므로 덩치가 작은 알갱이로 비유할 수가 있단다.

그러므로 덩치가 큰 빨간빛 알갱이는 방향을 바꾸기가 어렵고, 덩치가 작은 보랏빛은 방향을 바꾸기가 쉽기 때문에 빛의 분산이 일어난다고 생각할 수도 있단다.
아, 정말 그렇게 생각하니까 이해가 되네요.

여섯 번째 수업

6

거울 이야기

우리는 매일 거울을 봅니다.
거울에 내가 보이는 원리에 대해 알아봅시다.

6

여섯 번째 수업

거울 이야기

교. 초등 과학 5-1 1. 거울과 렌즈
과. 고등 물리 I 3. 파동과 입자
연.
계.

레일리가 거울을 가져와서 여섯 번째 수업을 시작했다.

오늘은 거울에 대한 모든 것을 알아보겠습니다.

레일리는 거울에 자신의 모습을 비춰 보라고 했다. 모두 자신의 왼쪽과 오른쪽이 바뀌어 보였다.

면이 평평한 거울을 평면 거울이라고 합니다. 먼저 평면 거울에 대해 알아봅시다.

평면 거울의 상은 다음과 같이 거울 뒤에 생깁니다.

물론 평면 거울에서는 물체의 크기와 상의 크기가 똑같지요. 하지만 평면 거울에서는 왼쪽과 오른쪽이 뒤바뀝니다.

그것은 왜 그럴까요?

레일리는 미나에게 왼쪽 귀에는 동그란 귀고리를, 오른쪽 귀에는 네모난 귀고리를 달게 했다. 그리고 거울을 보게 했다. 거울에 비친 모습은 왼쪽 귀에 네모난 귀고리, 오른쪽 귀에 동그란 귀고리를 한 것으로 보였다.

거울에 비친 모습

그 이유는 간단합니다. 다음 그림을 보죠.

미나의 왼쪽 귀고리 위치를 A라고 하고, 그곳과 부딪친 빛이 거울에 부딪친 곳을 B라고 합시다.

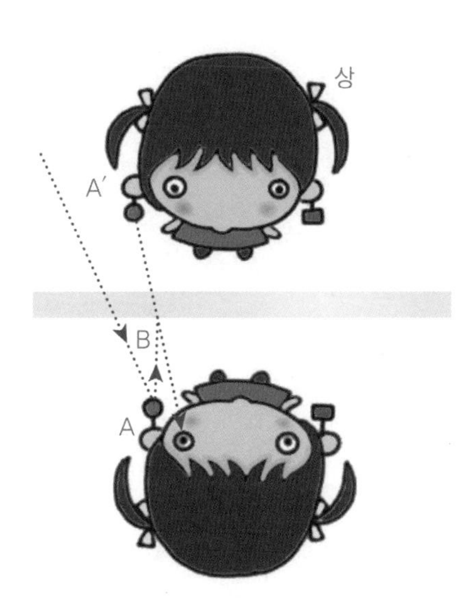

그럼 A점을 출발한 빛이 거울의 B에 부딪친 후 미나의 눈으로 들어오게 됩니다. 이때 A의 상을 A′라고 하면, 미나는 왼쪽 귀고리가 A′에 있는 것으로 보게 됩니다. 그런데 A′는 거울 뒤에 생긴 미나의 상에서 오른쪽이 됩니다. 그러므로 미나의 왼쪽이 거울에서는 오른쪽으로 보이게 되지요.

전신을 볼 수 있는 거울

몸 전체를 보기 위한 거울의 크기가 자신의 키와 같을 필요는 없습니다.

레일리는 자신의 키보다 절반만 한 거울을 벽에 걸고 그 앞에 섰다. 학생들은 거울을 통해 레일리의 몸 전체를 볼 수 있었다.

내 키의 절반 높이의 거울로 몸 전체를 볼 수 있군요. 왜 그럴까요? 다음 그림을 봅시다.

머리끝을 A, 발끝을 B라고 합시다.

머리끝에서 나온 빛이 거울에 닿는 위치를 M이라고 하면, 그 빛이 M에서 반사되어 눈에 들어오므로 M보다 높은 위치

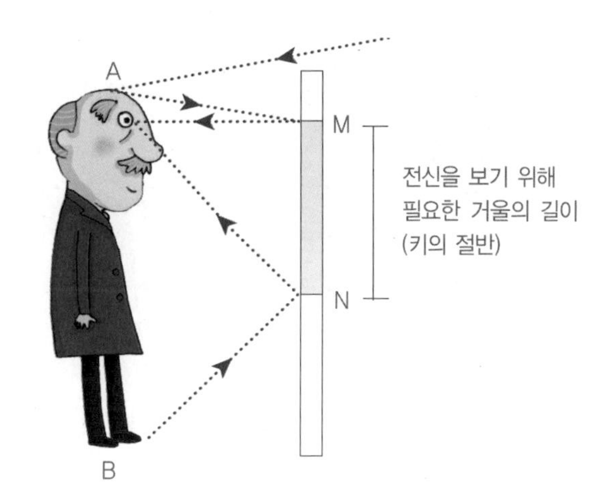

의 거울은 필요 없게 됩니다.

마찬가지로 발끝에서 나온 빛이 거울에 닿는 위치를 N이라고 하면, 그 빛이 N에서 반사되어 눈에 들어오므로 N보다 낮은 위치의 거울은 필요 없게 되지요.

따라서 전신을 보기 위해 필요한 거울의 높이는 MN의 길이가 됩니다. 즉, 이 길이는 사람 키의 절반이 됩니다.

만화로 본문 읽기

이건 마술 거울이야. 거울에 비친 모습이 실제로 만들어진단다.
정말요?

안녕!
으아악, 깜짝이야! 정말이잖아.

정말 나랑 똑같… 아니네! 옷의 숫자가 거꾸로잖아.
그야 거울에 비춰진 너의 모습이니까 당연히 좌우가 바뀌지.

왜 그런 거지?
이 그림을 한번 봐.

너의 왼손을 A라 하고, 그곳과 부딪친 빛이 거울에 부딪친 곳을 B라고 해 보자. 그럼 A점을 출발한 빛이 B에 부딪친 후 너의 눈으로 들어오게 되지. 이때 A의 상을 A′라고 하자. 즉, A′는 거울 뒤에 생긴 너의 상에서 오른손이 되니까 너의 왼쪽이 거울에서는 오른쪽으로 보이게 되는 거야.
A′
B
A

그런데 얘는 어떻게 거울 속으로 다시 들어가죠?
그… 방법을 잊어버렸네!

일곱 번째 수업

7

구면 거울 이야기

면이 평평하지 않은 거울에 비친 내 모습은 어떨까요?
구면 거울의 상에 대해 알아봅시다.

7

일곱 번째 수업

구면 거울 이야기

교.
과.
연.
계.

초등 과학 5-1 1. 거울과 렌즈
고등 물리 I 3. 파동과 입자

레일리가 오목 거울과 볼록 거울을 가져와서 일곱 번째 수업을 시작했다.

오늘은 구면 거울에 대해 알아보겠습니다. 구면 거울이란 거울의 면이 동그랗게 휘어 있는 거울입니다. 구면 거울에는 볼록 거울과 오목 거울이 있습니다.

오목 거울

먼저 오목 거울에 대해 알아봅시다.

레일리는 철이를 오목 거울 앞에 서게 했다. 철이의 모습이 더 크게 보였다.

철이가 더 커 보이죠? 이렇게 오목 거울에서는 상이 더 커지지요. 왜 그런지를 알아봅시다. 다음 그림을 보죠.

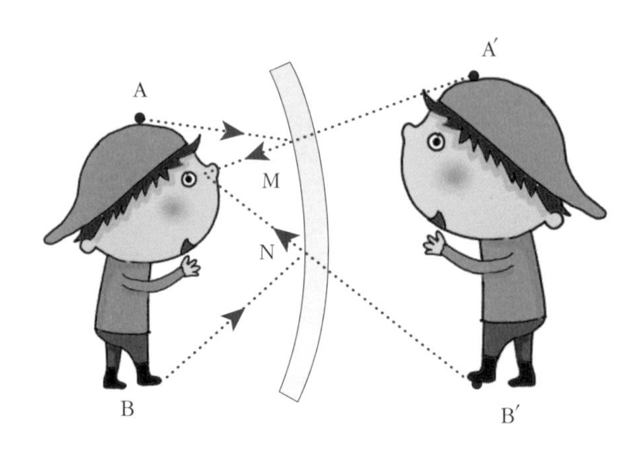

철이의 머리끝과 발끝을 각각 A, B라고 합시다. 이때 A를 떠난 빛이 오목 거울에 닿는 지점을 M이라고 하면, M에 부딪친 빛이 철이의 눈으로 들어오지요? 그러므로 철이의 눈과 M을 연결한 연장선에서 같은 거리만큼 떨어진 곳에 A의 상 A′가 만들어집니다.

마찬가지로 B를 떠난 빛이 오목 거울에 닿는 지점을 N이라고 하면, N에 부딪친 빛이 철이의 눈으로 들어오지요? 그러므로 철이의 눈과 N을 연결한 연장선에서 같은 거리만큼 떨어진 곳에 B의 상 B′가 만들어집니다. 따라서 원래 철이의 키는 AB의 길이이지만 거울에 비친 상의 키는 A′B′가 됩니다. 이때 A′B′가 AB보다 크기 때문에 상이 더 커 보이게 되지요.

볼록 거울

이번에는 볼록 거울에 대해 알아봅시다.

레일리는 민지를 볼록 거울 앞에 서게 했다. 민지의 모습이 더 작게 보였다.

민지가 더 작아 보이죠? 이렇게 볼록 거울에서는 상이 더 작아지지요.

왜 그런지를 알아봅시다. 다음 그림을 보죠.

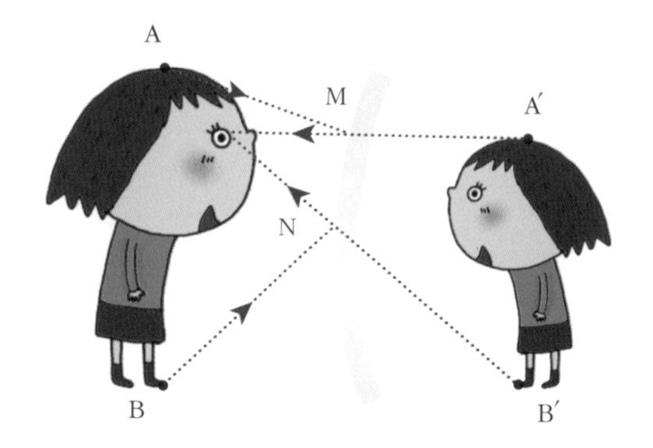

민지의 머리끝과 발끝을 각각 A, B라고 합시다. 이때 A를 떠난 빛이 볼록 거울에 닿는 지점을 M이라고 하면, M에 부딪친 빛이 민지의 눈으로 들어오지요? 그러므로 민지의 눈과

M을 연결한 연장선에서 같은 거리만큼 떨어진 곳에 A의 상 A′가 만들어집니다.

마찬가지로 B를 떠난 빛이 볼록 거울에 닿는 지점을 N이라고 하면, N에 부딪친 빛이 민지의 눈으로 들어오지요? 그러므로 민지의 눈과 N을 연결한 연장선에서 같은 거리만큼 떨어진 곳에 B의 상 B′가 만들어집니다.

따라서 원래 민지의 키는 AB의 길이지만 거울에 비친 상의 키는 A′B′가 됩니다. 이때 A′B′가 AB보다 작기 때문에 상이 더 작아 보이게 되지요.

과학자의 비밀노트

오목 거울과 볼록 거울의 활용

오목 거울은 물체를 크게 보이게 할 뿐만 아니라 빛을 모으는 성질을 가지고 있다. 그래서 자동차의 전조등에는 오목 거울을 사용하는데, 광원에서 나온 빛을 오목 거울에 비추면 빛이 반사되어 나가면서 퍼지지 않고 멀리까지 진행하게 된다. 반대로 볼록 거울은 물체를 작게 보이게 할 뿐만 아니라 빛을 퍼지게 하는 성질도 가지고 있다. 따라서 볼록 거울을 이용하면 물체의 상은 작게 보이지만, 넓은 범위를 볼 수 있기 때문에 슈퍼마켓이나 굽은 도로에 볼록 거울이 설치되어 있다.

만화로 본문 읽기

정말 신기하네. 환상의 집 안에서는 내가 거인이 되기도 하고 난쟁이가 되기도 하잖아! 비밀이 뭘까?
내가 그 비밀을 알려 줄까요? 비밀은 바로 구면 거울에 있답니다.
구면 거울이요?
구면 거울은 거울 면이 동그랗게 휘어 있는 거울로, 볼록 거울과 오목 거울이 있어요.

구면 거울은 평면 거울과 다른가요?
오목 거울 앞에 서 보세요. 몸이 더 커 보이죠? 이렇게 오목 거울에서는 상이 더 커진답니다. 왜 그런지 설명해 줄게요.
머리끝을 떠난 빛 A가 오목 거울에 닿는 지점을 M이라 하면, M에 부딪친 빛이 눈으로 들어오지요. 그래서 눈과 M을 연결한 연장선에서 같은 거리 떨어진 곳에 A의 상 A′가 만들어져요. 다른 부분도 마찬가지고요.
A
A′
M
N
B
B′

따라서 원래 철이의 키는 AB의 길이지만 거울에 비친 상의 키는 A′B′가 되지요. 이때 A′B′가 AB보다 크기 때문에 상이 더 커 보이게 되는 거랍니다.
그럼 볼록 거울은 오목 거울과 반대가 되겠네요?
그렇지요. 볼록 거울에서는 철이 군의 눈에 들어온 볼록 거울에 비친 상 A′B′가 원래의 키 AB보다 작기 때문에 더 작아 보이게 됩니다.
A
M
A′
N
B
B′

여덟 번째 수업

8

렌즈 이야기

돋보기로 보면 물체가 크게 보입니다.
렌즈를 통해 보는 상에 대해 알아봅시다.

8

여덟 번째 수업

렌즈 이야기

교.과.연.계.		
	초등 과학 5-1	1. 거울과 렌즈
	고등 물리 I	3. 파동과 입자

레일리가 렌즈에 대하여 여덟 번째 수업을 시작했다.

오늘은 렌즈에 대해 알아보도록 하겠습니다.

우리는 눈이 나쁘면 안경을 사용합니다. 왜 안경을 쓰면 잘 안 보이던 것이 보이게 될까요?

렌즈에는 오목 렌즈와 볼록 렌즈가 있습니다. 오목 렌즈는 가운데가 오목한 렌즈입니다.

레일리는 오목 렌즈에 빛이 지나가게 했다.

오목 렌즈에서는 빛이 굴절되어 퍼져 나가는군요. 그러므

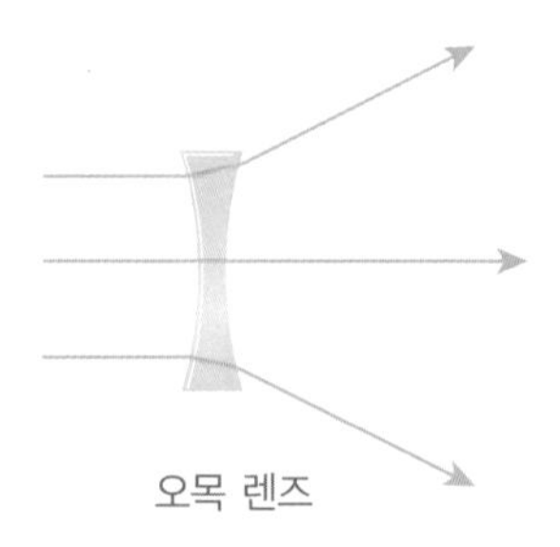

오목 렌즈

로 오목 렌즈를 통과한 빛은 한 곳에 모이지 않습니다.

볼록 렌즈는 가운데가 볼록한 렌즈입니다.

레일리는 볼록 렌즈에 빛이 지나가게 했다.

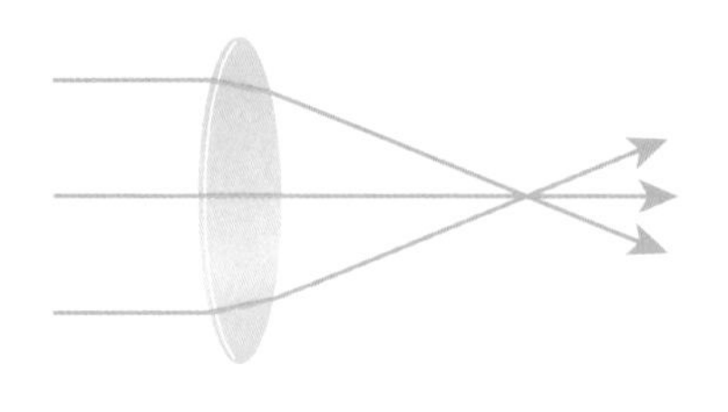

볼록 렌즈

볼록 렌즈를 통과한 빛은 유리에서 굴절되어 한 곳에 모이는군요.

정말 그런지 실험해 볼 수 있습니다.

레일리는 햇빛을 커다란 볼록 렌즈(돋보기)로 한 점에 모아 검은 종이를 태웠다.

검은 종이가 타는 이유는 빛이 한 점에 모여서 강해지기 때문입니다.

오목 렌즈에 의한 상

오목 렌즈를 통해 보면 물체가 어떻게 보일까요?

레일리는 학생들에게 오목 렌즈를 통해 물체를 보게 했다.

물체가 작아 보이는군요. 이것은 왜 그럴까요? 오목 렌즈를 통해 생기는 상을 그려 봅시다.

렌즈에 의한 상을 찾는 것은 간단합니다.

먼저 오목 렌즈 앞에 물체를 그린 다음 물체의 맨 위 지점에서 출발한 빛이 렌즈를 통해 굴절되는 빛을 그립니다.

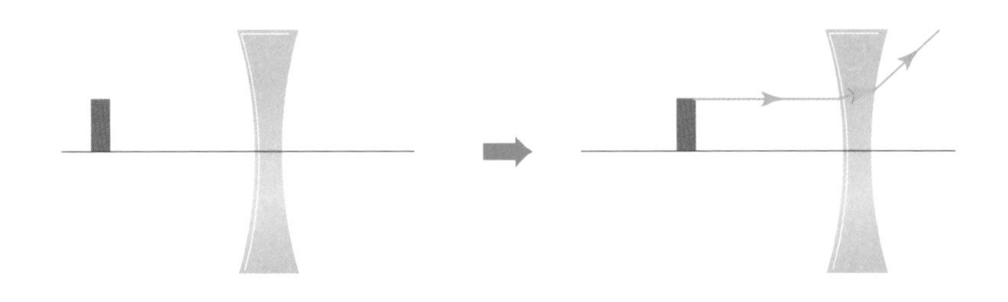

굴절된 빛의 연장선을 점선으로 그립니다. 그런 다음 물체

의 맨 위 지점에서 렌즈의 중심을 지나는 선을 점선으로 그립니다.

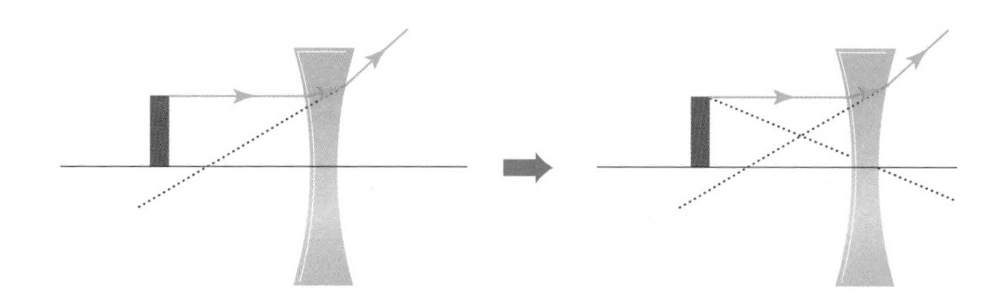

굴절된 빛의 연장선과 이 직선과의 교점에 물체의 맨 윗부분의 상이 오도록 그립니다.

상이 작아졌지요? 하지만 물체의 상이 똑바로 서 있군요. 이렇게 오목 렌즈에 의한 상은 똑바로 서 있는 축소된 상입니다.

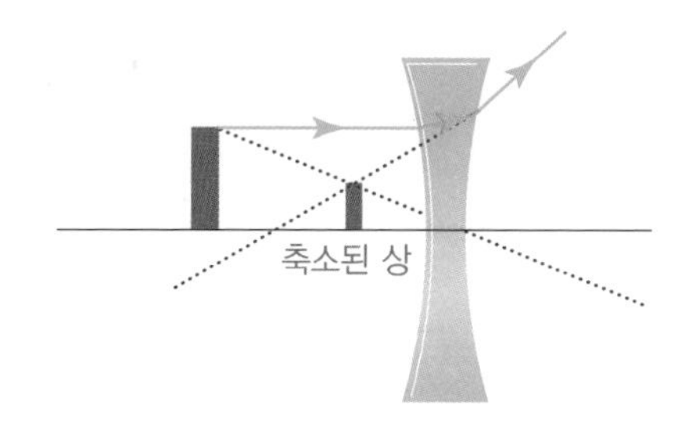

볼록 렌즈에 의한 상

이번에는 볼록 렌즈에 의한 상을 알아봅시다.

레일리는 학생들에게 볼록 렌즈를 통해 물체를 보게 했다.

물체가 뒤집혀 보이는군요. 그리고 작게 보입니다. 이것은 왜 그럴까요?

먼저 물체가 볼록 렌즈에서 멀리 있을 때의 상을 그려 봅시다.

볼록 렌즈 앞에 물체를 그린 다음, 물체의 맨 위 지점에서 출발한 빛이 렌즈를 통해 굴절되는 빛을 그립니다.

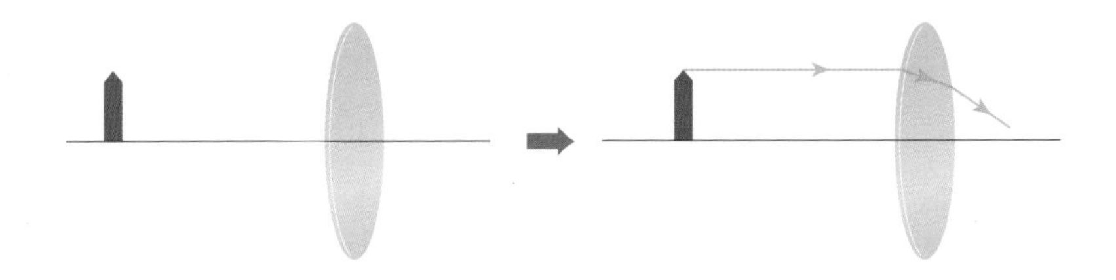

굴절된 빛의 연장선을 점선으로 그립니다. 그런 다음 물체의 맨 위 지점에서 렌즈의 중심을 지나는 선을 그립니다.

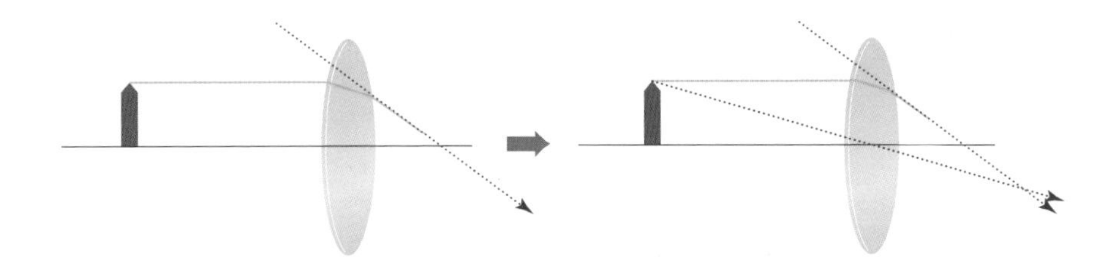

굴절된 빛의 연장선과 이 직선과의 교점에 물체의 맨 윗부분의 상이 오도록 그립니다.

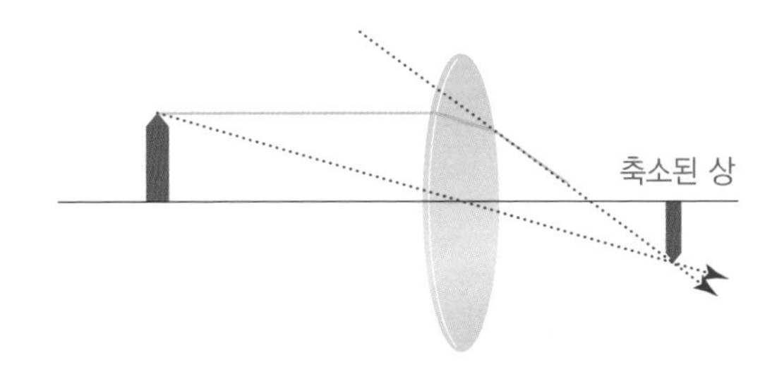

상이 작아지고 뒤집어졌지요? 이렇게 볼록 렌즈에서 멀리 떨어진 물체의 상은 거꾸로 서 있는 축소된 상입니다.

이번에는 물체가 볼록 렌즈에 가까이 있을 때를 봅시다.

볼록 렌즈 앞에 물체를 그린 다음 물체의 맨 위 지점에서 출발한 빛이 렌즈를 통해 굴절되는 빛을 그립니다.

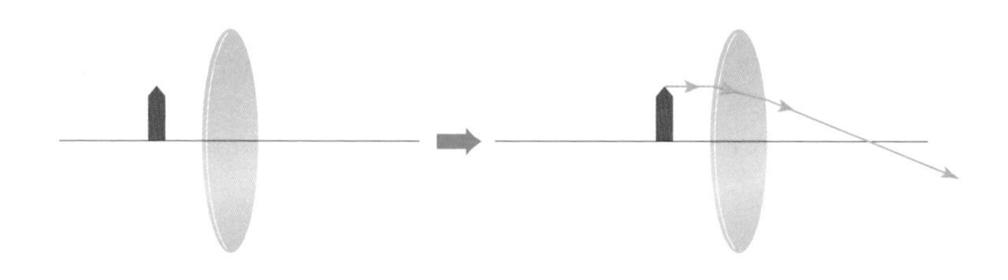

굴절된 빛의 연장선을 점선으로 그립니다. 그런 다음 물체의 맨 위 지점에서 렌즈의 중심을 지나는 선을 그립니다.

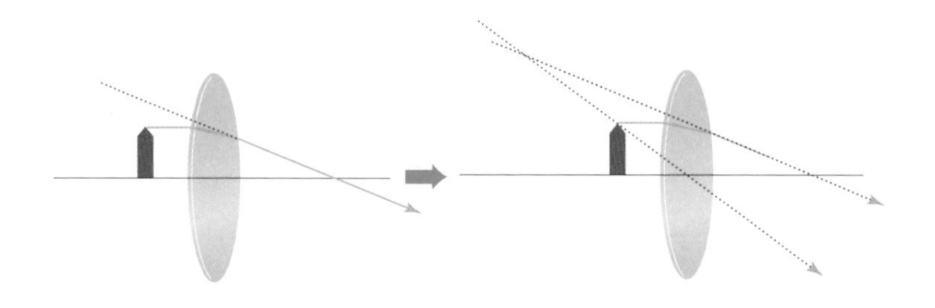

굴절된 빛의 연장선과 이 직선과의 교점에 물체의 맨 윗부분의 상이 오도록 그립니다.

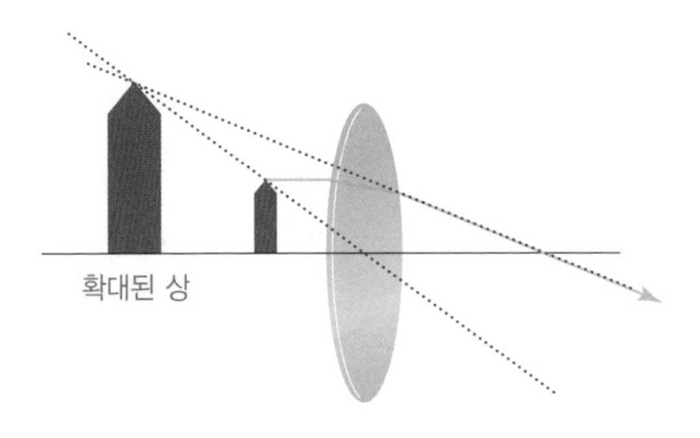

상이 커지고 똑바로 서 있지요? 이렇게 볼록 렌즈에 가까이 있는 물체의 상은 똑바로 서 있는 확대된 상입니다.

안경의 원리

굴절 이상으로 인한 시력 이상에는 근시와 원시 등이 있습니다. 근시는 먼 것이 잘 보이지 않고, 원시는 가까운 것이 잘 보이지 않지요.

사람의 눈에는 수정체라고 하는 렌즈가 있습니다. 그 렌즈는 볼록 렌즈이므로 들어온 빛을 한 점에 모으지요. 이때 빛이 모이는 지점이 망막일 때 눈은 정상입니다.

하지만 근시인 사람은 수정체를 통과한 빛이 망막보다 앞에서 모입니다.

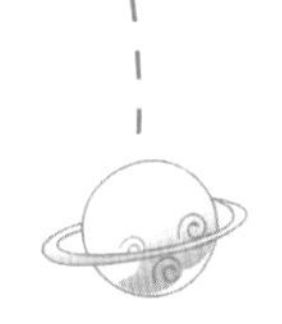

그러므로 이것을 보정하기 위해 수정체 앞에 오목 렌즈를 놓으면, 빛이 망막에서 한 점에 모일 수 있게 됩니다. 그래서 물체가 잘 보이게 되지요.

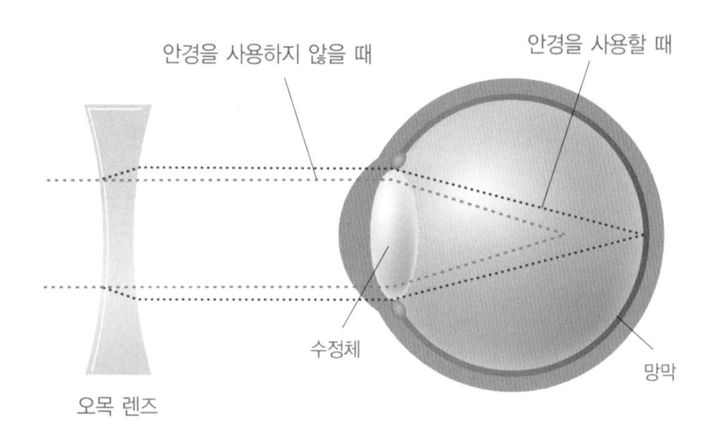

반대로 원시인 사람은 수정체를 통과한 빛이 망막보다 뒤에서 모입니다.

그러므로 이것을 보정하기 위해 수정체 앞에 볼록 렌즈를 놓으면, 빛이 망막에서 한 점에 모일 수 있게 됩니다. 그래서 물체가 잘 보이게 되지요.

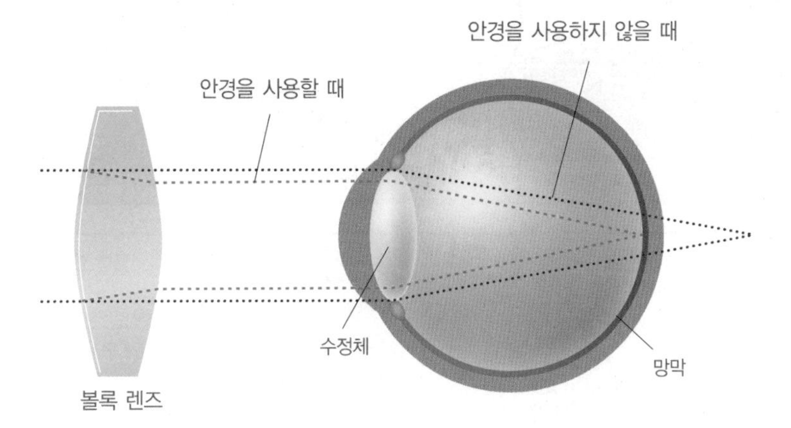
안경을 사용하지 않을 때
안경을 사용할 때
수정체
망막
볼록 렌즈

만화로 본문 읽기

라이트맨, 저기 오고 있는 버스가 몇 번 버스인가요?
철이 군은 멀리 있는 물체가 잘 보이지 않는 근시인가 보군요.
5

근시요?
굴절 이상으로 인해 먼 것이 잘 보이지 않으면 근시, 가까운 것이 잘 보이지 않으면 원시라고 하지요.

사람의 눈에는 볼록 렌즈 같은 수정체가 있어서 눈으로 들어온 빛을 한 점에 모으지요. 이때 정상인 눈은 빛이 모이는 지점이 망막이지만 근시인 사람은 망막보다 앞에서 모이지요.
정상
근시

그래서 이것을 보정하기 위해 수정체 앞에 오목 렌즈를 놓으면, 빛이 망막에서 한 점에 모일 수 있게 되어 물체가 잘 보이게 됩니다.
원시
정상
그러면 원시인 사람은 반대로 수정체를 통과한 빛이 망막보다 뒤에서 모이겠네요?

네. 그래서 원시인 사람은 수정체 앞에 볼록 렌즈를 놓지요. 그러면 빛이 망막에서 한 점에 모일 수 있게 되어 물체가 잘 보이게 되는 거지요.
안경을 사용하지 않을 때
안경을 사용할 때
볼록 렌즈
수정체
망막

여기서 수정체 앞에 놓은 오목 렌즈, 볼록 렌즈가 바로 안경이지요. 안경을 쓰면 이런 이유들 때문에 물체가 잘 보이는 것이랍니다.
나도 빨리 안경을 써야겠어요.

마 지 막 수 업 9

빛이 전기를 만들어요

빛을 이용하여 전기를 만들 수는 없을까요?
빛이 전기를 만드는 원리에 대해 알아봅시다.

9

마지막 수업

빛이 전기를 만들어요

교과연계.

고등 물리 I 3. 파동과 입자

레일리가 빛을 이용해
전기를 만드는 방법에 대하여
마지막 수업을 시작했다.

오늘은 빛을 이용하여 전기를 만드는 방법에 대해 알아보겠습니다.

레일리는 유리관 속에 2개의 전극이 있고, 전선으로 연결되어 있는 장치를 가지고 왔다. 그 전선에는 꼬마전구가 연결되어 있었다.

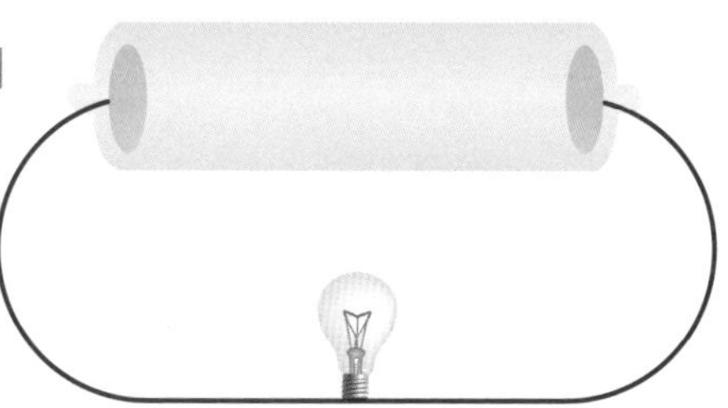

전구에 불이 들어오지 않았지요? 당연하지요. 이 장치에는 건전지가 없으니까요. 하지만 마술처럼 건전지 없이 전구에 불이 들어오게 해 보겠습니다.

레일리는 유리관에 보랏빛을 비추었다. 그러자 꼬마전구에 불이 들어왔다.

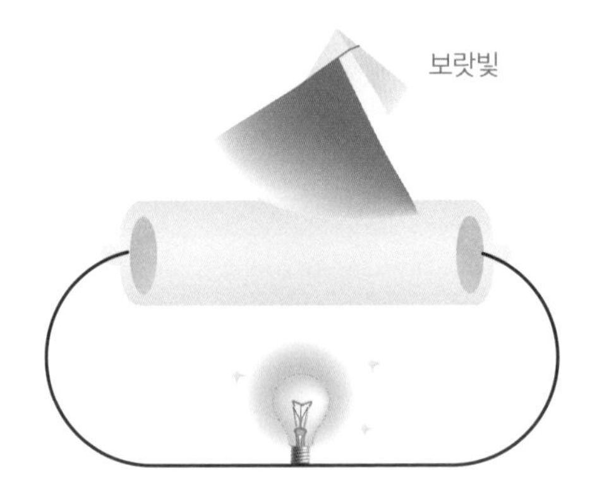

꼬마전구에 불이 들어왔지요? 그것은 전선에 전류가 흐른다는 것을 의미합니다. 이것은 보랏빛 알갱이가 유리관 안의 전극과 충돌하여 전자들을 튀어나오게 했기 때문입니다. 튀어나온 전자들이 전선을 통해 움직여 전류가 흐르게 됩니다.

레일리는 이번에는 유리관에 빨간빛을 비추었다. 그러자 보랏빛과 달리 꼬마전구에 불이 들어오지 않았다.

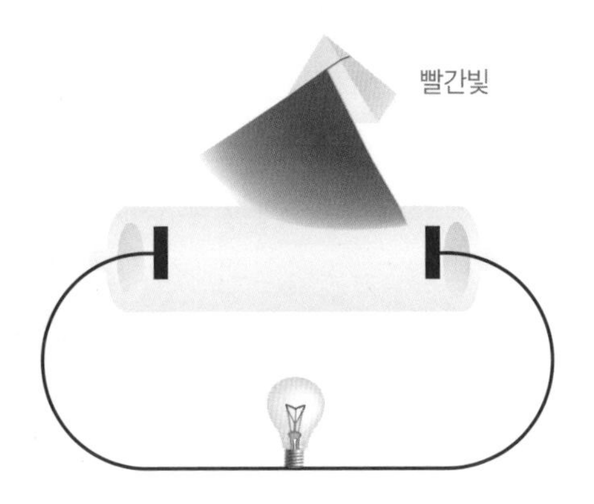

꼬마전구에 불이 들어오지 않았지요? 그것은 전선에 전류가 흐르지 않는다는 것을 의미합니다. 이것은 빨간빛 알갱이가 전극 속의 전자들을 튀어나오게 하지 못했기 때문입니다.

빨간빛 알갱이는 왜 전자를 튀어나오지 못하게 하고, 보랏빛 알갱이는 전자를 튀어나오게 할까요? 보랏빛 알갱이는 에너지가 크고, 빨간빛 알갱이는 에너지가 작기 때문입니다.

이것을 간단한 실험으로 알아봅시다.

레일리는 조그만 웅덩이에 구슬을 가득 넣었다. 그리고 구슬 하나를 살살 던졌다.

던진 구슬이 웅덩이 안의 구슬을 튀어나오게 했나요?

__ 아닙니다.

이것은 구슬을 살살 던졌기 때문이지요. 던진 구슬을 빛 알갱이에, 웅덩이의 구슬을 전자에 비유합시다. 그러므로 빨간 빛 알갱이는 살살 던진 구슬처럼 에너지가 작아 전자들을 튀어나오게 할 수 없습니다.

이번에는 구슬 하나를 아주 세게 던졌다.

웅덩이의 구슬이 튀어나갔지요? 구슬을 세게 던졌기 때문입니다. 세게 던진 구슬은 에너지가 큰 보랏빛 알갱이에 비유할 수 있지요. 에너지가 큰 보랏빛 알갱이는 전자들을 쉽게 튀어나가게 할 수 있습니다.

만화로 본문 읽기

오늘은 재미있는 장치를 보여 줄게요. 이 장치에는 건전지가 없는데 어떻게 전구에 불이 들어오게 할 수 있을까요?
글쎄요? 건전지 없이는 안 될 것 같은데요?

자, 보세요. 이렇게 유리관에 보랏빛을 비추면….
어! 꼬마전구에 불이 들어왔어요.

꼬마전구에 불이 들어왔다는 것은 전선에 전류가 흐른다는 것이잖아요.
맞아요. 이것은 보랏빛 알갱이가 유리관 안의 전극과 충돌하여 전자들을 튀어나오게 했기 때문이지요. 튀어나온 전자들이 전선을 통해 움직여 전류가 흐르게 된 거랍니다.

그러나 빨간빛을 비추면 꼬마전구에 불이 들어오지 않지요. 빨간빛 알갱이가 전극 속의 전자들을 튀어나오게 하지 못했기 때문이에요.
왜 보랏빛 알갱이는 전자를 튀어나오게 하는데 빨간빛 알갱이는 전자를 튀어나오게 하지 못하나요?

생각해 보세요. 구슬치기를 할 때 구슬을 힘껏 던져야 웅덩이 안의 구슬이 밖으로 튀어나오잖아요. 세게 던진 구슬은 에너지가 큰 보랏빛 알갱이에 비유할 수 있지요.

하지만 살살 던진 구슬은 웅덩이 안의 구슬을 튀어나오게 할 힘이 없지요. 마찬가지로 빨간빛 알갱이는 살살 던진 구슬처럼 에너지가 작기 때문이랍니다.
빛을 이용해서 전기를 만든다는 게 참 신기하네요.

부 록

동화 나라의 **메리 포핀스**

이 글은 트래버스 원작의 《메리 포핀스》를 패러디한 동화입니다.

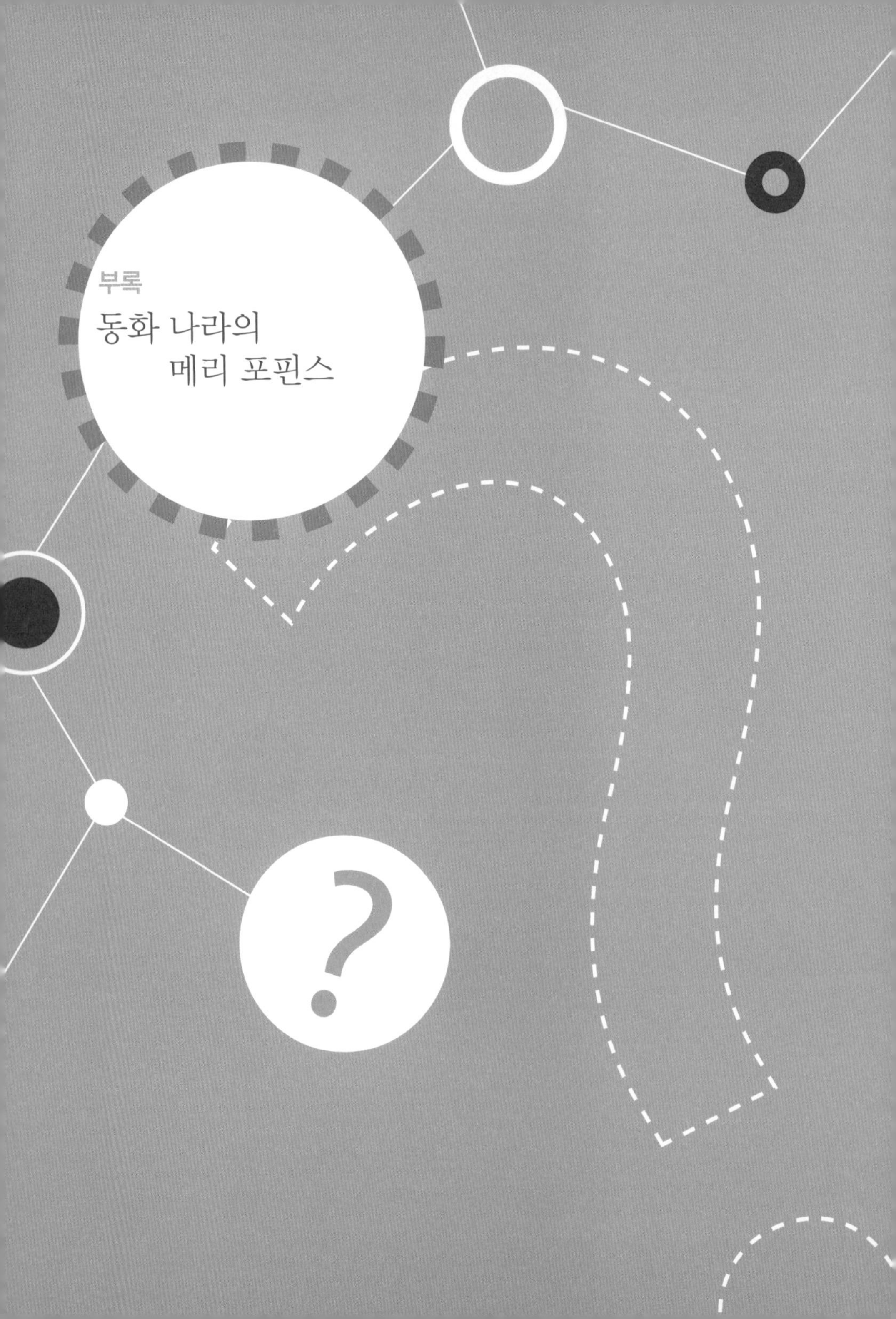

부록

동화 나라의 메리 포핀스

해리는 열두 살 남자아이입니다.

해리에게는 두 살 아래의 여동생 세리가 있습니다. 해리는 용감한 반면 세리는 겁이 아주 많습니다. 그런데 요즈음 해리와 세리는 외롭습니다. 3년 전에 어머니가 돌아가시고 난 뒤부터 해리와 세리는 아버지하고만 살고 있기 때문입니다.

아버지는 군인이기 때문에 집에 못 들어오시는 날도 있습니다. 그런데다가 어머니가 돌아가신 뒤부터는 잘 웃지도 않으십니다.

오늘 아침에도 아버지는 한 마디 말씀 없이 샌드위치를 드셨습니다. 해리와 세리는 아버지의 울적해 보이는 표정 때문에 말을 건네기 힘들었지요. 그래서 두 사람도 조용히 식사를 했습니다.

해리와 세리는 헬렌 아줌마가 돌봐 주고 있습니다. 헬렌 아줌마가 해리네 살림을 맡고 있거든요. 그런데 어제부터는 헬렌 아줌마를 볼 수 없었습니다. 헬렌 아줌마가 병원에 입원했기 때문이지요. 헬렌 아줌마는 해리와 세리에게 엄격했기 때문에, 두 사람은 속으로 헬렌 아줌마가 오지 않는 것을 좋아했습니다.

"헬렌 아줌마는 너무 무서워."

세리가 말했습니다.

"맞아. 헬렌 아줌마는 마녀 같아."

해리도 거들었습니다.

아버지는 새로운 가정부를 구하기 위해 마을 곳곳에 벽보를 붙였습니다. 물론 해리와 세리도 그 일을 도왔지요.

오늘 아침 아버지가 출근하신 뒤 해리와 세리는 밖에 나가 놀 수가 없었습니다. 벽보를 보고 누군가 집에 들를지 모르기 때문입니다.

그런데 갑자기 마을에 돌풍이 불더니 깜깜해졌습니다.

"오빠! 아침인데 왜 이렇게 깜깜하지?"

세리가 물었습니다.

"일식인가 봐."

해리가 대답했습니다.

"그게 뭔데?"

세리가 진지하게 물었습니다.

"아침이 밝아 오는 건 햇빛이 비추기 때문이야. 그런데 태양과 지구 사이를 달이 가리면, 햇빛이 지구로 오는 걸 막기 때문에 지구에는 달의 그림자가 드리워지지. 그래서 낮에도 어두워지게 되는데, 그게 일식이야."

해리가 자세히 설명해 주었습니다.

해리와 세리는 다시 밝아질 때까지 유리창을 바라보며 기다리고 있었습니다.

그때 갑자기 하늘에서 뭔가 반짝거리며 빛이 났습니다. 금빛 지팡이를 탄 여자가 해리의 집으로 날아오고 있었습니다.

"저게 뭐야?"

세리가 놀란 눈을 뜨고 물었습니다.

"마법사인가 봐."

해리도 빛이 나는 쪽을 바라보았습니다.

그때 유리창으로 황금빛 지팡이를 손에 든 아리따운 여자가 들어왔습니다.

해리와 세리는 깜짝 놀라 뒤로 물러섰습니다.

"나는 하늘에서 온 메리 포핀스야. 너희들이 해리와 세리구나."

아름다운 금발을 가진 메리 포핀스가 다정하게 말했습니다.

"어떻게 저희 이름을 알죠?"

해리가 물었습니다.

"나는 하늘에서 너희들을 지켜보고 있었단다. 엄마를 잃고 힘들어하는 너희들을 그냥 볼 수 없어 내가 너희들의 가정부가 되어 주려고 내려왔어."

메리 포핀스가 말했습니다. 순간 엄마 이야기 때문인지 세리가 울기 시작했습니다.

"세리야, 울지 마. 나는 너희들이 원하는 모든 것을 해 줄 수 있단다."

메리 포핀스가 세리를 달래 주었습니다.

"어떻게요?"

해리가 물었습니다.

"이 황금 지팡이는 어떤 곳으로든지 갈 수 있게 해 주지. 너희들이 가고 싶은 곳이 어디니?"

메리 포핀스가 두 사람에게 물었습니다. 그때 강아지 퍼피가 꼬리를 흔들며 방으로 들어왔습니다. 퍼피는 메리 포핀스를 보고 큰 소리로 짖었습니다.

"퍼피! 그만 해."

해리가 소리쳤습니다. 해리의 말을 알아들었는지 퍼피는 더 이상 짖지 않았습니다.

메리 포핀스의 말에 세리도 울음을 멈추었습니다. 그러고는 메리 포핀스에게 물었습니다.

"가 보고 싶은 곳을 데려다 줄 수 있다고 했지요?"

"물론이야."

"동화 속으로 들어가고 싶어요."

세리가 말했습니다.

"동화는 지어낸 이야기야. 그런 나라는 없어."

해리가 말했습니다. 메리 포핀스는 조용히 웃고만 있다가 말했습니다.

"좋아. 동화 속으로 들어가자."

"우아! 신난다."

세리는 매우 기뻐했습니다. 하지만 해리는 메리 포핀스의 말을 믿지 못하는 표정이었습니다.

"우리 날마다 동화 속으로 들어갈까?"

메리 포핀스가 말했습니다.

"좋아요."

메리 포핀스는 황금 지팡이로 해리, 세리, 퍼피를 살짝 건드렸습니다.

잠시 뒤 메리 포핀스와 해리, 세리와 퍼피는 어느 한적한 오솔길에 서 있었습니다. 어떤 소년이 여동생과 함께 숲속을 걸어가고 있었습니다.

"쟤들은 누구지?"

해리가 말했습니다.

"헨젤과 그레텔이야."

메리 포핀스가 말했습니다.

해리와 세리는 아주 많이 놀랐습니다. 그리고 자신들이 동화 《헨젤과 그레텔》 속으로 들어왔다는 것을 알게 되었습니다. 헨젤은 손에 든 빵 조각을 조금씩 떼어내 길에 떨어뜨리고 있었습니다. 퍼피가 그것을 보고는 잽싸게 달려가서 빵 조각을 하나도 남김없이 먹어치워 버렸습니다.

"퍼피! 안 돼. 그 빵 조각은 헨젤과 그레텔이 돌아올 때 길을 찾게 해 주는 거란 말이야."

세리가 소리쳐 보았지만 이미 퍼피가 빵 조각을 먹어치운 뒤였습니다.

"세리! 걱정하지 마."

메리 포핀스는 이렇게 말하고는 황금 지팡이로 땅바닥을

내리쳤습니다. 그 순간, 헨젤이 빵 조각을 던진 곳마다 어둠 속에도 빛나는 돌멩이들이 나타나 별처럼 반짝거렸습니다.

"저게 뭐죠?"

세리가 물었습니다.

"인광이라는 성질을 가진 물질이야. 인광은 어두운 곳에서도 빛을 내는 성질을 말하지."

메리 포핀스가 설명했습니다.

"우아! 이젠 헨젤과 그레텔이 어둠 속에서도 길을 찾을 수 있을 거야."

세리는 자신의 일처럼 신이 났습니다.

"헨젤과 그레텔이 어디로 갔지?"

해리는 주위를 두리번거렸습니다.

어디서인지 눈처럼 흰 새가 나타났습니다.

"지지배배, 짹짹."

새는 마치 세 사람에게 나를 따라오라는 듯 노래를 하며 날개를 퍼덕였습니다.

새가 이끄는 데로 가 보니 이게 웬일입니까?

커다란 케이크로 만든 과자 집이 눈앞에 나타났습니다.

"야아, 맛있어 보이는 지붕이야!"

세리는 달려가서 지붕과 유리창을 떼어 먹었습니다.

바로 그때였습니다.

"우리 집을 떼어 먹은 게 누구지?"

마귀할멈이 나타나서 소리쳤습니다. 마귀할멈은 눈이 어두워서 돋보기 안경을 쓰고 있었습니다.

마귀할멈은 세리를 우리에 가두었습니다. 우리 안에는 헨젤과 그레텔도 있었습니다.

"어떡하지? 세리를 구해야 하는데."

해리가 불안한 표정으로 속삭였습니다.

"걱정하지 마. 내게 좋은 수가 있어."

메리 포핀스는 자신 있는 표정으로 말했습니다. 메리 포핀

스는 황금 지팡이를 사용하여 마귀할멈의 안경을 근시 안경으로 바꾸었습니다.

안경이 바뀐 줄 모르는 마귀할멈은 우리로 가서 헨젤에게 말했습니다.

"헨젤, 손가락을 내놓아 보아라."

마귀할멈은 헨젤이 어느 정도 살이 쪘는가를 검사했습니다. 하지만 근시 안경으로는 헨젤의 손가락을 제대로 볼 수 없었습니다.

"에이, 아직 살이 안 쪘군."

마귀할멈은 눈을 비비면서 헨젤의 손가락을 보려고 했지만, 헨젤의 손가락은 희미하게 보일 뿐이었습니다.

"왜 마귀할멈이 헨젤의 손가락을 제대로 보지 못한 거지?"

해리가 물었습니다.

"마귀할멈의 눈은 원시야. 그러니까 볼록 렌즈인 돋보기를 써야 상이 제대로 맺혀. 그런데 내가 볼록 렌즈를 오목 렌즈로 바꾸어 놓았거든. 그러니까 상이 제대로 맺힐 리가 없지. 좋아, 이제 시간을 벌었으니 아이들을 구하러 가자."

메리 포핀스는 해리를 데리고 아이들이 갇혀 있는 우리로 갔습니다. 그런데 우리 안에는 헨젤과 그레텔만 있었습니다.

"세리는 어디 갔지?"

해리가 헨젤에게 물었습니다.

"마귀할멈이 잡아먹는다고 데리고 갔어요."

헨젤이 떨리는 목소리로 대답했습니다.

"이런 큰일 났군!"

메리 포핀스는 마귀할멈이 세리를 데리고 간 곳으로 달려갔습니다. 해리, 헨젤과 그레텔도 그 뒤를 따라갔습니다. 마귀할멈은 볼록 렌즈로 태양에서 나오는 빛을 모아 세리를 태우려 하고 있었습니다.

"오늘은 요 녀석을 잡아먹어야겠다."

마귀할멈은 이상한 웃음소리를 내면서 세리에게 볼록 렌즈를 가져다 대었습니다.

"뜨거워요. 살려 주세요."

세리는 몸이 뜨거워지자 비명 소리를 냈습니다.

"안 되겠어. 서둘러야겠어. 오목 렌즈로 바꾸면 빛이 퍼지니까 괜찮을 거야."

메리 포핀스는 이렇게 말하고는 황금 지팡이로 마귀할멈이 손에 들고 있는 볼록 렌즈를 오목 렌즈로 바꾸었습니다.

"이젠 안 뜨겁네."

세리가 말했습니다.

마귀할멈은 세리의 몸이 뜨거워지지 않자 이상한 듯 렌즈를 자꾸 들여다보았습니다.

메리 포핀스는 좀 더 커다란 볼록 렌즈로 햇빛을 모아 마귀할멈을 비추었습니다. 그러자 마귀할멈은 뜨거운 빛을 견디지 못하고 타 죽었습니다.

메리 포핀스가 모두를 구출한 것이죠. 세 사람은 헨젤과 그레텔과 인사를 하고 헤어졌습니다.

"이제 돌아가야 해. 너희들 아빠가 오실 시간이야. 내일 다시 오자."

메리 포핀스가 말했습니다.

해리와 세리는 아쉬워했습니다. 헨젤과 그레텔을 쫓아가 과자로 만든 집을 구경하고 싶었기 때문입니다. 하지만 두 사람이 집에 없으면 아빠가 걱정하실까 봐 메리 포핀스의 말을 따르기로 했습니다. 세 사람은 다시 집으로 돌아왔습니다.

순간 아빠가 문을 열고 집으로 들어왔습니다.

"안녕하세요?"

메리 포핀스는 아빠에게 인사했습니다.

"아빠! 새로 온 가정부 언니예요."

세리가 메리 포핀스를 아빠에게 소개했습니다.

"수고하세요."

아빠는 이렇게 말하고는 방으로 들어가셨습니다. 요즘 아빠는 어떤 일에도 관심이 없으십니다. 아빠의 기분을 풀어 드리고 싶지만, 세리와 해리는 그 방법을 모릅니다.

다음 날 메리 포핀스는 아이들을 데리고 두 번째 동화의 나라로 들어갔습니다.

화려한 드레스를 입은 여자가 거울 앞에 앉아 있었습니다.

"누구죠?"

해리가 물었습니다.

"백설 공주의 새엄마야."

메리 포핀스가 대답했습니다.

"독이 든 사과로 백설 공주를 죽이려고 한 나쁜 왕비군요."

세리가 아는 체했습니다.

"골탕을 먹여 볼까?"

메리 포핀스가 제안했습니다.

"좋아요."

해리와 세리가 대답했습니다.

왕비는 눈을 감고 거울에 대고 말했습니다.

"거울아, 거울아! 이 세상에서 누가 제일 예쁘지?"

그때 메리 포핀스는 황금 지팡이로 거울을 내리쳤습니다. 순간 거울은 위는 오목하고 아래는 볼록한 거울로 변했습니다. 그때 거울이 대답했습니다.

"이 세상에서 제일 예쁜 사람은 백설 공주입니다."

그 소리에 눈을 뜬 왕비는 자신의 일그러진 모습을 보고는 깜

짝 놀랐습니다. 사람의 모습처럼 보이지 않았기 때문이지요.

왕비는 화가 나서 거울을 깨뜨렸습니다.

"어떻게 한 거죠?"

해리가 물었습니다.

오목 거울에 비친 모습은 커지고, 볼록 거울에 비친 모습은 작아지거든. 저 거울은 오목한 부분과 볼록한 부분이 교대로 붙어 있으니까, 어떤 부분은 크게, 어떤 부분은 작게 보이게 되지. 그래서 왕비의 모습이 이상하게 보이는 거야."

메리 포핀스가 설명했습니다.

"백설 공주는 지금 어디에 있지요? 공주를 보고 싶어요. 데려가 주세요."

세리가 졸랐습니다.

"백설 공주는 지금 일곱 난쟁이들과 살고 있어. 좋아, 우리 그곳으로 가 보자."

메리 포핀스는 이렇게 말하고는 다시 황금 지팡이를 내리쳤습니다.

잠시 뒤, 세 사람은 어느 연못가에 도착했습니다. 연못에는 난쟁이들이 발을 씻고 있었습니다. 난쟁이들은 연못에 얼굴만 내놓고 있었지요.

"하나, 둘, 셋, 넷, 다섯, 여섯."

세리가 난쟁이들의 수를 헤아려 보았습니다.

"왜 한 명이 없죠? 일곱이어야 하는데……."

세리가 물었습니다.

"저기 백설 공주가 오고 있어."

해리가 소리쳤습니다.

해리가 가리킨 곳에 하얀 드레스를 예쁘게 차려입은 백설 공주가 연못가로 걸어오고 있었습니다.

"우아! 정말 예쁘다."

해리가 소리쳤습니다.

백설 공주는 난쟁이들에게 비누를 나누어 주었습니다. 여섯 번째 비누를 나누어 주고, 백설 공주는 주위를 두리번거렸습니다.

"한 명은 어디에 있는 거지?"

백설 공주는 한 명의 난쟁이를 찾아보았습니다. 하지만 난쟁이는 여섯 명뿐이었습니다. 백설 공주는 근심에 잠겼습니다.

"백설 공주를 걱정하게 하는 건 말이 안 돼요."

해리는 이렇게 말하고 연못으로 들어가려 했습니다.

"잠깐! 내가 옷을 갈아입혀 줄게."

메리 포핀스는 해리의 옷을 황금 지팡이로 내리쳤습니다. 그러자 해리는 난쟁이들과 같은 옷을 입은 채 연못에 앉아 있었습니다.

"오~, 이제야 왔군요."

백설 공주는 안도하는 표정으로 해리에게 비누를 나누어 주었습니다.

"해리는 난쟁이들보다 키가 큰데 백설 공주가 그걸 왜 못 알아보는 거죠?"

세리가 이상한 듯 물었습니다.

"물속에서는 빛이 굴절되거든. 그러니까 물속에 잠긴 부분은 작아 보이게 돼. 그래서 해리가 난쟁이들처럼 다리가 짧아 보이는 거야."

메리 포핀스가 설명했습니다.

다음 날 메리 포핀스와 아이들은 다시 동화 속으로 들어갔습니다. 이번에 세 사람이 들어간 동화는 《피터 팬》이었습니다. 후크는 커다란 배를 이끌고 와서 피터 팬과 아이들을 괴롭히고 있었습니다. 특히 후크가 쏘아 대는 대포 때문에 피터 팬의 아이들은 번번이 당할 수밖에 없었습니다.

"피터 팬을 도와줘요."

세리가 메리 포핀스에게 부탁했습니다.

"알았어."

메리 포핀스가 황금 지팡이를 내리치자 거대한 오목 거울이 나타났습니다. 메리 포핀스는 오목 거울에서 나온 빛이

후크의 배로 향하게 했습니다. 잠시 뒤 오목 거울에서 강렬한 빛이 나오더니 후크의 배가 지글지글 타기 시작했습니다.

"우아, 신기해요."

해리가 소리쳤습니다.

"오목 거울은 햇빛을 한 점에 모이게 하는 성질이 있지. 그 한 점을 배로 향하게 한 거야. 이렇게 강한 빛을 받으면 나무로 만든 배는 쉽게 타게 되지."

메리 포핀스가 말했습니다.

그 다음날 세 사람은 다시 동화 속으로 들어갔습니다. 세 사람은 고래잡이 배를 타고 바다 위에 떠 있었습니다. 바닷

속에는 흰 고래 '모비 딕'이 보였습니다. 흰 고래의 등에는 그동안 여러 고래잡이배에서 맞힌 작살이 무수히 꽂혀 있었습니다.

"이건 《모비 딕》이라는 소설이야."

해리가 소리쳤습니다.

하지만 세리는 이 책을 읽지 않아 내용을 잘 몰랐습니다.

"이 배의 선장님은 누구지?"

세리가 해리에게 물었습니다.

"에이하브라는 용감한 선장이야. 저기 보이는 저 아저씨지."

해리는 갑판 위에서 작살 총을 들고 있는 에이하브를 가리켰습니다. 에이하브는 작살 총으로 물속의 흰 고래를 계속 쏘았지만, 작살은 모두 흰 고래를 피해 갔습니다.

"왜 작살이 고래에 하나도 안 맞지요?"

해리가 메리 포핀스에게 물었습니다.

"빛의 굴절 때문에 물속에 있는 물체는 원래의 깊이보다 더 얕은 데 있는 것처럼 보여. 그러니까 보이는 것보다 더 깊은 곳을 겨냥해야 맞힐 수 있어."

메리 포핀스가 설명했습니다. 그때 에이하브 선장이 뒤를 돌아보더니 싱긋 웃으며 말했습니다.

"그런 비밀이 있었군."

에이하브는 흰 고래가 보이는 위치보다 더 낮은 곳을 겨냥해 작살을 쏘았습니다. 작살은 쏘는 것마다 고래의 등에 꽂혔습니다.

"고래가 곧 죽을 것 같아."

세리는 고래를 불쌍하게 여기는 것 같았습니다. 그때 갑자기 흰 고래 모비 딕이 물 위에 모습을 드러냈습니다. 그러고는 배를 향해 무서운 속력으로 돌진해 왔습니다. 미처 피할 사이도 없이 모비 딕과 부딪친 배가 산산조각이 났습니다.

선원들은 모두 물에 빠져 허우적거렸습니다. 메리 포핀스는 황금 지팡이로 보트를 여러 대 만들었습니다.

에이하브는 그중 하나의 보트에 작살 총을 들고 타고는, 흰 고래 모비 딕을 향해 돌진했습니다.

"에이하브가 모비 딕을 향해 가고 있어요."

세리가 놀라 소리쳤습니다.

"원래의 이야기대로 되고 있는 거야."

책을 읽은 적이 있는 해리가 아는 척했습니다.

에이하브는 모비 딕에 아주 가까이 다가가더니 작살을 쏘아 명중시켰습니다.

"작살이 명중했어요."

해리가 신이 난 표정으로 말했습니다.

하지만 에이하브의 목이 작살이 매달린 줄에 감기더니 흰 고래 모비 딕과 함께 바닷속으로 들어갔습니다.

"에이하브를 구해야 해요!"

세리가 말했습니다.

"우리가 동화 속으로 들어왔지만 동화의 줄거리를 바꿀 순 없어. 에이하브 선장은 모비 딕과 함께 죽는 것이 이 동화의 마지막 장면이거든."

메리 포핀스는 차분하게 말했습니다.

세 사람은 동화의 나라를 빠져나와 집으로 돌아왔습니다. 거실 달력을 보던 해리가 갑자기 소리쳤습니다.

"가만! 내일이 아빠 생일이야."

세리도 달력을 보았습니다. 정말이었습니다.

해리와 세리는 말없이 울적한 표정을 지었습니다.

"왜들 울적해 있지? 아빠를 위해 생일 선물을 준비해야지?"

메리 포핀스가 말했습니다.

"아빠는 엄마가 돌아가신 뒤부터 생일 파티를 하지 않으세요. 우리 생일도요. 선물을 준비해도 아무 소용없어요. 아빤 내일 집에 일찍 들어오시지 않을 거예요. 혼자 술을 드시고 새벽이 돼서야 들어오셔서는, 엄마 사진을 보면서 혼자 눈물을 흘리실 게 뻔해요."

해리가 담담하게 말했습니다.

"오빠 그만 해."

세리는 더 이상 못 듣겠다는 듯이 해리에게 소리쳤습니다. 하지만 세리는 이미 울고 있었습니다. 그런 세리를 보던 해리도 따라 울었습니다.

메리 포핀스는 잠시 생각에 잠겼습니다. 그러다가 말을 꺼냈습니다.

"얘들아! 우리 빛을 이용한 이벤트를 하자. 아빠 생일 축하 파티를 말이야."

"어떻게요?"

두 사람이 동시에 소리쳤습니다.

"레이저를 이용하면 멋진 쇼를 할 수 있어."

메리 포핀스가 말했습니다.

"레이저? 그게 뭐죠?"

해리가 물었습니다.

"일정한 색깔을 내는 빛이야."

메리 포핀스가 대답했습니다.

두 사람은 메리 포핀스가 시키는 대로 모든 준비를 하기 시작했습니다.

다음 날 저녁 세 사람은 모든 생일 파티 준비를 끝내고, 아빠에게 전화를 걸었습니다.

"아빠, 세리가…… 세리가…… 기절…… 했어요."

해리는 아빠에게 거짓말을 했습니다.

"잠깐만 기다려. 지금 바로 갈게!"

아빠는 전화를 끊고 바로 집으로 달려왔습니다.

"거짓말은 나쁜 거잖아요?"

해리가 메리 포핀스를 바라보며 말했습니다.

"하지만 이런 거짓말은 괜찮단다."

메리 포핀스가 빙그레 웃었습니다.

딩동 딩동.

초인종 소리가 들렸습니다. 아빠가 오신 것입니다. 조명은 모두 꺼져 있고, 집은 아주 깜깜했습니다.

"얘들이 어딨지?"

아빠는 속으로 중얼거리면서 문을 열고 마당으로 들어오셨습니다.

"해리, 세리, 시작해!"

메리 포핀스가 소리쳤습니다.

해리는 레이저의 스위치를 올리고, 세리는 MP3의 스위치를 눌렀습니다.

잠시 뒤 사방에서 여러 가지 빛의 레이저가 마당 가운데 설치된 스크린으로 향했습니다. 그리고 생일 축하 노래가 울려 퍼졌습니다.

"아니, 이건……."

아빠는 눈시울을 붉혔습니다. 스크린에는 '아빠, 힘내세요. 우리가 있잖아요!'라는 말과 사랑의 하트가 레이저에 의해 만들어졌습니다. 해리와 세리는 아빠에게 달려갔습니다. 아빠는 해리와 세리를 양손으로 부둥켜안고 울먹거리면서 말했습니다.

"내가 너희들에게 너무 무심했구나. 이젠 좋은 아빠가 되어 줄게."

"아빠, 사랑해요!"

해리와 세리는 아빠의 양볼에 키스했습니다. 아빠가 환한 미소를 지었습니다. 엄마가 돌아가신 후 아빠의 미소를 보는 건 오늘이 처음이었습니다.

저 멀리 황금빛을 내며 메리 포핀스가 사라졌습니다.

'고마워요, 메리 포핀스.'

해리는 속으로 중얼거렸습니다.

그 뒤 해리와 세리는 아빠와 함께 매우 행복하게 살았답니다.

과학자 소개

아르곤 기체를 발견한 레일리 John William Strutt Rayleigh, 1842~1919

하늘은 왜 푸른가 하는 것은 오랜 옛날부터 많은 사람들이 궁금하게 생각해 온 질문이었습니다. 많은 과학자들이 이 현상에 대하여 빛의 굴절과 반사 현상을 이용하여 설명하려고 했지만 실패하였습니다. 이 현상을 처음으로 명확하게 설명한 사람이 바로 레일리입니다.

레일리는 영국의 맬던에서 태어난 물리학자입니다. 그는 1861년 케임브리지 대학에 수학 전공으로 입학하였습니다. 처음에는 진동과 광학에 관한 연구를 한 레일리는 《공명에 대하여》와 《음의 이론》 등 진동과 관련한 음향학에 관한 책을 썼습니다. 특히 《공명에 대하여》는 음향학 연구의 시초가

되었습니다.

하지만 레일리는 진동에 그치지 않고 후에 음향학, 전자기학, 빛의 산란, 탄성, 파동론 등 물리학 전체에 걸친 연구를 하였습니다. 1871년에는 빛의 산란 이론을 바탕으로 하여 하늘이 푸른 이유를 설명하여 오랫동안 풀리지 않았던 문제를 분명하게 밝혔습니다.

이뿐만 아니라 레일리는 지진파의 표면파인 레일리파를 발견하였고, 전기 저항과 전류, 기전력에 대한 표준 측정을 하였습니다. 또한 1894년에는 질소의 질량을 측정하는 실험 중에 동료 램지와 함께 아르곤을 발견하였습니다. 그 공로를 인정받아 1904년에는 노벨 물리학상을 수상했습니다.

레일리는 1908년부터 케임브리지 대학교 총장을 지냈고, 1919년 6월 30일 사망하기 5일전까지 과학 논문을 썼다고 합니다.

과학 연대표

언제, 무슨 일이?

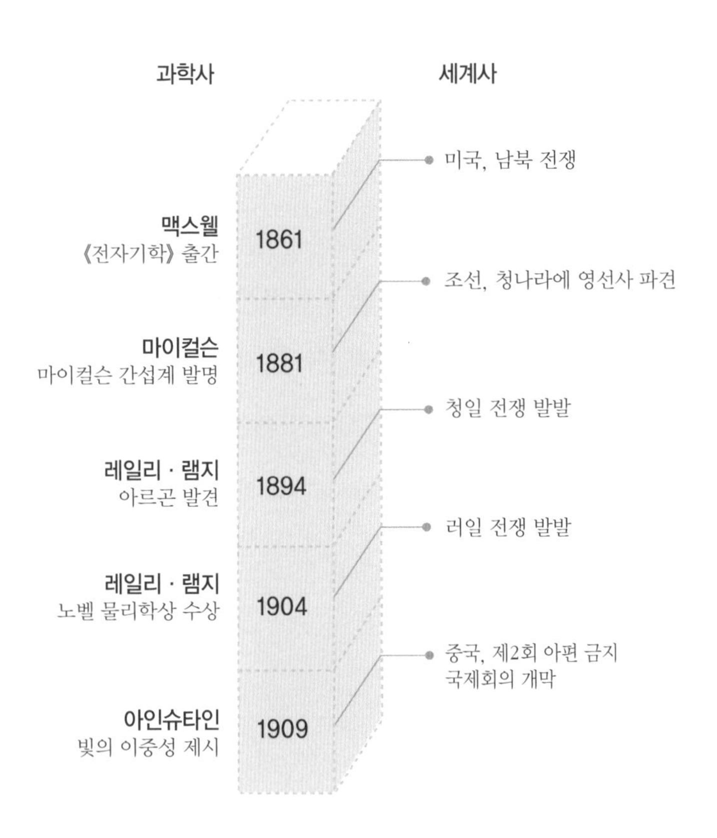

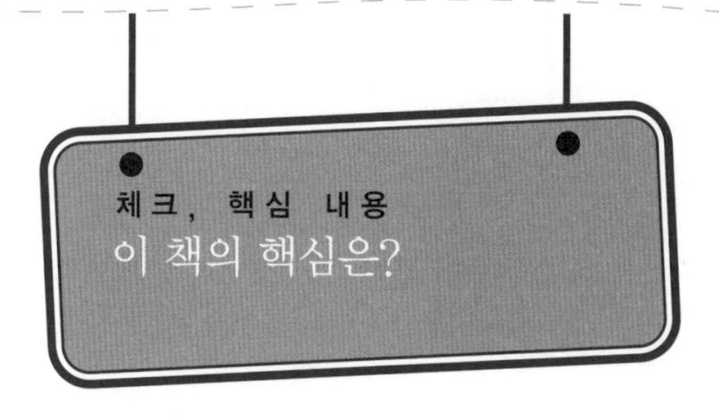

1. 우리가 눈으로 볼 수 있는 빛을 □□□□ 이라고 부릅니다.
2. 우리가 바라보는 하늘에는 공기 알갱이들이 있는데 이들은 파란빛을 가장 많이 □□ 시키므로 하늘이 파랗게 보입니다.
3. 빛이 반사될 때 입사각과 □□□ 은 같습니다.
4. 빛이 공기에서 물속으로 들어갈 때 빛의 □□ 가 달라집니다.
5. 프리즘을 통해 갈라진 빛은 일곱 색깔로 나타나게 됩니다. 이렇게 나타난 일곱 색깔의 띠를 □□□□ 이라고 부릅니다.
6. 볼록 거울에서는 물체의 □ 이 더 작아집니다.
7. 빛을 금속에 쬐어 전류가 흐르는 현상을 □□ 효과라고 합니다.

1. 가시광선 2. 산란 3. 반사각 4. 속도 5. 스펙트럼 6. 상 7. 광전

이슈, 현대 과학

레이저

레이저의 근간인 메이저를 발명한 사람은 미국의 물리학자인 타운스입니다. 타운스는 1951년 미국 뉴욕에 있는 컬럼비아 대학 교수로 있던 시절 아주 큰 진폭을 가진 전자기파를 발견하려고 노력했습니다.

그에게 연구의 실마리를 제공해 주었던 첫 번째는 1917년 아인슈타인이 발표한 전자기파의 유도 방출 이론이었습니다. 원자 속의 전자는 불연속적인 궤도에 존재하는데, 외부에서 빛을 받으면 전자는 에너지를 얻어 핵에서 먼 궤도로 이동했다가 다시 전자기파를 방출하면서 핵에 가까운 궤도로 되돌아온다는 내용입니다.

두 번째 실마리는 암모니아 분자였습니다. 암모니아 분자 속의 전자는 핵에서 먼 궤도에서 가까운 궤도로 내려올 때 파장이 1.25cm인 전자기파를 방출한다는 것입니다. 그는 이

과정에서 증폭된 전자기파가 나온다는 것을 알아내고 이를 이용하여 암모니아 메이저(MASER : 마이크로파에 의한 유도 방출된 증폭)를 발명했습니다. 타운스가 개발한 메이저는 증폭 기능이 뛰어나 장거리 통신과 우주에서 오는 마이크로파를 수신하는 데 이용되었습니다. 타운스는 메이저 발명으로 1964년 노벨 물리학상을 수상했습니다.

메이저를 발명한 타운스는 1957년 마이크로파보다 파장이 짧은 가시광선을 사용해 증폭된 빛을 만들려고 시도했는데, 이것이 바로 광학 메이저입니다.

그는 숄로와 함께 광학 메이저 개발에 착수했습니다. 숄로는 광학 메이저를 만들기 위해 가늘고 긴 공명상자 양쪽에 거울을 달고 그 사이에서 원자와 분자를 들뜨게 해야 한다는 것을 알아냈습니다.

타운스의 아이디어를 이용해 메이먼은 1960년에 세계 최초로 레이저를 만들었습니다.

찾아보기

어디에 어떤 내용이?